U0295807

"当代经济学创新丛书"编委会

National Economics Foundation
北京当代经济学基金会

当代经济学创新丛书
[全国优秀博士论文]

中国地方政府的环境治理
政策演进与效果分析

金刚 著

上海三联书店

"当代经济学创新丛书"

由当代经济学基金会(NEF)资助出版

总　序

经济学说史上，曾获得诺贝尔经济学奖，被后人极为推崇的一些经济学大家，其聪慧的初露、才华的表现，往往在其年轻时的博士论文中已频频闪现。例如，保罗·萨缪尔逊（Paul Samuelson）的《经济分析基础》，肯尼斯·阿罗（Kenneth Arrow）的《社会选择与个人价值》，冈纳·缪尔达尔（Gunnar Myrdal）的《价格形成和变化因素》，米尔顿·弗里德曼（Milton Friedman）的《独立职业活动的收入》，加里·贝克尔（Gary Becker）的《歧视经济学》以及约翰·纳什（John Nash）的《非合作博弈》，等等。就是这些当初作为青年学子在博士论文中开启的研究领域或方向，提出的思想观点和分析视角，往往成就了其人生一辈子研究经济学的轨迹，奠定了其在经济学说史上在此方面的首创经济学著作的地位，并为日后经济学术思想的进一步挖掘夯实了基础。

经济学科是如此，其他社会科学领域，包括自然科学也是如此。年轻时的刻苦学习与钻研，往往成为判断日后能否在学术上取得优异成就，能否对人类知识的创新包括经济科学的繁荣作出成就的极为重要的第一步。世界著名哲学家维特根斯坦博士论文《逻辑哲学导论》答辩中，围绕当时世界著名大哲学家罗素、摩尔、魏斯曼的现场答辩趣闻就是极其生动的一例。

世界正处于百年未遇的大变局。2008年霸权国家的金融危机，四十多年的中国增长之谜……传统的经济学遇到了太多太多的挑战。经济学需要反思、需要革命。我预测,在世界经济格局大变化和新科技革命风暴的催生下,今后五十年、一百年正是涌现经济学大师的年代。纵观经济思想史,历史上经济学大师的出现首先是时代的召唤。亚当·斯密、卡尔·马克思、约翰·梅纳德·凯恩斯的出现,正是反映了资本主义早期萌芽、发展中矛盾重重及陷入发展中危机的不同时代。除了时代环境的因素,经济学大师的出现,又有赖于自身学术志向的确立、学术规范的潜移默化、学术创新钻研精神的孜孜不倦,以及周围学术自由和学术争鸣氛围的支撑。

旨在"鼓励理论创新,繁荣经济科学"的当代经济学基金会,就是想为塑造未来经济学大师的涌现起到一点推动作用,为繁荣中国经济科学做点事。围绕推动中国经济学理论创新开展的一系列公益活动中,有一项是设立"当代经济学奖"和"全国经济学优秀博士论文奖"。"当代经济学创新丛书"是基于后者获奖的论文,经作者本人同意,由当代经济学基金会资助,陆续出版。

经济学博士论文作为年轻时学历教育、研究的成果,会存在这样和那样的不足或疏忽。但是,论文毕竟是作者历经了多少个日日夜夜,熬过了多少次灯光下的困意,时酸时辣,时苦时甜,努力拼搏的成果。仔细阅读这些论文,你会发现,不管是在经济学研究中对新问题的提出,新视角的寻找,还是在结合中国四十多年改革开放实践,对已有经济学理论模型的实证分析以及对经济模型假设条件调整、补充后的分析中,均闪现出对经济理论和分析技术的完善与创新。我相信,对其中有些年轻作者来说,博士论文恰恰是其成为未来经济学大师的基石,其路径依赖有可能就此开始。对繁荣中国经济理论而言,这些创新思考,对其他经济学研究者的研究有重要的启发。

年轻时代精力旺盛,想象丰富,是出灵感、搞科研的大好时光。出版这套丛书,我们由衷地希望在校的经济学硕博生互相激励,刻苦钻研;希望志在经济学前沿研究的已毕业经济学硕博生继续努力,勇攀高峰;希望这套丛书能成为经济科学研究领域里的"铺路石"、参考书;同时希望社会上有更多的有识之士一起来关心和爱护年轻经济学者的成长,在"一个需要理论而且一定能够产生理论的时代,在一个需要思想而且一定能够产生思想的时代",让我们共同努力,为在人类经济思想史上多留下点中国人的声音而奋斗。

夏　斌

当代经济学基金会创始理事长

初写于 2017 年 12 月,修改于 2021 年 4 月

目 录

1 / 前言

1 / **第一章 绪论**

1 / 第一节 研究背景

5 / 第二节 研究目的

6 / 第三节 研究思路

8 / 第四节 主要创新

11 / **第二章 文献综述**

11 / 第一节 地方环境治理的策略行为

13 / 第二节 地方环境治理的环境与经济效应

19 / **第三章 地方差异化环境治理与污染就近转移**

19 / 第一节 引言

20 / 第二节 环境治理引致污染就近转移:理论与事实

25 / 第三节 实证策略

33 / 第四节 环境治理引致污染就近转移:结果与分析

42 / 第五节 污染就近转移的拓展讨论

51 / 第六节 小结:地方环境治理亟需协同联动

54 / **第四章 地方非对称环境治理与生产率增长**

54 / 第一节 引言

57 / 第二节 环境治理影响生产率的空间模型

60 / 第三节 地方政府的非对称环境治理

71 / 第四节 非对称环境治理的生产率效应

93 / 第五节 小结:遏制地方政府逐底竞赛行为

96 / **第五章 地方环境治理从被动执行到自主创新**

96 / 第一节 引言

98 / 第二节 地方环境治理逻辑转变的理论分析

103 / 第三节 实证策略

108 / 第四节 官员激励与地方环境治理创新

119 / 第五节 基于官员属性和地区特征的拓展分析

124 / 第六节 小结:全面推行地方自主性环境政策

128 / **第六章 地方自主性环境政策创新的效果评估**

128 / 第一节 引言

129 / 第二节 河长制的政策背景与预期效果

135 / 第三节 实证策略

138 / 第四节 河长制的政策效果及分析

155 / 第五节 拓展讨论

171 / 第六节 小结:提升地方自主性环境政策效能

173 / **第七章 研究结论与展望**

173 / 第一节 研究结论

176 / 第二节 研究展望

178 / **参考文献**

图表目录

24 / 图 3-1 邻近地区环境规制与污染排放总指数

24 / 图 3-2 邻近地区环境规制与环境违规企业数

43 / 图 3-3 污染就近转移效应的地理特征

44 / 图 3-4 污染就近转移效应的时间特征

55 / 图 4-1 2004—2013 年中国环境规制执行程度

55 / 图 4-2 2004—2013 年中国环境规制执行程度标准差

132 / 图 6-1 河长制的演进趋势

133 / 图 6-2 河长制的政策效应

138 / 图 6-3 2004—2010 年水污染分项指标变化趋势

144 / 图 6-4 河长制的动态效应

145 / 图 6-5 结构断点检验结果

148 / 图 6-6 安慰剂检验结果

153 / 图 6-7 溶解氧对河长制的脉冲响应函数图

159 / 图 6-8 河长制的空间溢出效应(加权)

160 / 图 6-9 河长制的空间溢出效应(不加权)

165 / 图 6-10 常务副省长年龄与河长制治理效应

165 / 图 6-11 市长年龄与河长制治理效应

33 / 表 3-1 主要变量的描述性统计

34 / 表 3-2 基准回归结果

38 / 表 3-3 工具变量回归估计结果

41 / 表 3-4 安慰剂估计结果

47 / 表 3-5 污染就近转移效应的机制讨论

51 / 表 3-6 产业结构污染化机制的异质性讨论

66 / 表 4-1 主要变量的描述性统计结果

66 / 表 4-2 Kelejian-Prucha 模型估计结果

69 / 表 4-3 环境规制非对称性执行互动估计结果

74 / 表 4-4 基于超越对数生产函数的随机前沿模型的检验结果

74 / 表 4-5 随机前沿模型的参数估计结果

78 / 表 4-6 基于城市层面数据的估计结果

80 / 表 4-7 基于企业微观数据的估计结果

82 / 表 4-8 不同生产率测算方法(OP 法)的结果

84 / 表 4-9 内生性处理结果

87 / 表 4-10 安慰剂检验结果

88 / 表 4-11 不同地区的估计结果

90 / 表 4-12 不同所有制的估计结果

92 / 表 4-13 机制讨论结果

107 / 表 5-1 变量名称与描述性统计

109 / 表 5-2 基准回归结果

114 / 表 5-3 稳健性检验结果

118 / 表 5-4 竞争性解释的检验结果

119 / 表 5-5 基于不同年龄段的分样本回归

121 / 表 5-6 官员任期对河长制推行概率的影响

123 / 表 5-7 基于不同初始污染水平的分样本回归

124 / 表 5-8 基于不同地区的分样本回归

137 / 表 6-1 主要变量的描述性统计

140 / 表 6-2 基准回归结果

143 / 表 6-3 河长制对综合水质的影响

146 / 表 6-4 河长制推行可能存在的选择偏误检验结果

147 / 表 6-5 2004—2010 年各年开始受河长制影响的监测点数

150 / 表 6-6 稳健性检验结果

152 / 表 6-7 面板 VAR 模型估计结果

155 / 表 6-8 基于 2006—2016 年 150 个监测点样本的稳健性检验结果

157 / 表 6-9 河长制实际执行程度对溶解氧的影响

166 / 表 6-10 异质性分析结果

170 / 表 6-11 机制讨论结果

前　言

　　党的二十大报告指出，"到 2035 年，我国发展的总体目标包括广泛形成绿色生产生活方式，碳排放达峰后稳中有降，生态环境根本好转，美丽中国目标基本实现"。当前，中国经济正面临百年未有之大变局，内外部环境复杂多变，经济增长充满不确定性。客观来看，达成这一目标对于中国环境治理而言具有较大的挑战性。面对新的形势和任务，"在危机中育新机、于变局中开新局"，需要厘清中国环境治理政策演变的过程及其效果，以改革的办法提升环境治理的效能，推动生态环境保护发生全局性变化，绿色、循环、低碳发展迈出坚实步伐。

　　长期以来，中国的环境治理一直以地方政府为执行主体，中央政府负责制定环境政策文本，地方政府负责具体的政策执行工作。正是由于这一特征，现有研究在讨论中国环境治理低效的根源时盛行一个观点：在以GDP 增长为主要考核指标的官员晋升竞赛中，地方政府缺乏严格执行中央环境政策的激励。为了在经济增长的竞争中脱颖而出，地方政府倾向于牺牲辖区的环境来吸引流动性生产要素的流入，即使是高污染企业往往也选择"睁一只眼闭一只眼"，最终导致中国环境治理长期处于低效状态。

　　随着中国经济发展水平的快速提升，尤其是东部地区城市群的崛起，上述看似正确的观点其实越来越与现实相悖。当经济处于较低水平时，经济增长与环境治理之间确实存在固有的矛盾；但当经济水平提高后，经济增长与环境治理已经不再是"顾此失彼"的关系。对于一些经济发展水平较高的城市而言,服务业占据地区经济的主要份额,清洁的自然环境反而有助于推动经济增长。因此,这些地区具有强大的内在激励提升辖区的环境治理水平。既然如此,一个亟待回答的问题是:当现实中同时存在一些地区加强辖区环境治理水平,而另一些地区仍然倾向于降低环境治理水平时,地方环境治理会产生怎样的环境效应与经济效应?本书重点围绕这一问题展开分析,试图从地区间环境治理互动的角度为中国环境治理政策的优化设计提供启示。

在生态环境保护不断推进的过程中,地方政府的环境治理也不再仅仅局限于对中央环境政策的被动执行。中央统一的环境政策忽视了经济发达地区环境治理的现实需求,激发了这些地区环境政策的自主性创新。对于地方自主性创新的环境政策而言,其内生的机制是什么?政策效果如何?对于这些问题的回答同样有助于探索中国经济增长与环境治理共赢的可持续发展之路。本书以近年来中国地方政府典型的一项自主性环境政策创新——河长制为例,通过厘清河长制演变的内在激励并评估河长制产生的治污效应,试图围绕这些问题展开详尽的讨论。

本书的原型是笔者的博士论文。其中,部分章节内容已在《中国社会科学》《经济研究》《管理世界》等国内一流期刊发表。在这些研究的基础上,本书也根据中国环境治理的新形势和新目标作了内容上的更新和完善。本书从以下几方面可以帮助读者加深对中国环境治理的理解:(1)中国的国家治理面临大国治理的难题,环境治理亦不例外。在环境治理中,依托地方政府为主体的分权治理架构可以提升治理效能,避免中央政府单一主体注意力不足的问题。因此,近年来尽管有一些偏向集权的"运动式"环境治理改革,但地方政府主导的环境治理模式仍然是中国环境治理的常态化模式。(2)要深入认识中国地方环境治理的政策效果,不能将各个地方政府"孤立"看待,而是要注重地区间环境治理的关联性。这种关联性可能表现为静态角度的地区间环境治理的相对差异,也可能表现为动态角度的地区间环境治理的策略性互动。(3)环境治理与经济增长不可兼得并不是"放之四海皆准"的客观现实。在经济高质量发展阶段,对于部分发达地区而言,环境治理与经济增长可以共赢。因此,简单地认为中国的所有地方政府都在非完全执行中央环境政策并不客观,现实中一些地方政府创新性推出的自主环境政策不应被忽视。

本书能够顺利出版,离不开众多支持。首先,感谢笔者的博士生导师沈坤荣教授。本书是在沈老师的精心指导下完成的,沈老师不仅在学术研究上提供了很多宝贵的建议,对于全书架构的安排和铺陈也给出了十分关键的意见。其次,感谢当代经济学博士创新项目和国家自然科学基金面上项目"绿色信贷政策执行的资源配置效应评估"(批准号72373063)的资助。感谢北京当代经济学基金会郝娟老师的协调工作。最后,感谢上海三联的李英老师在书稿编辑工作中提供的细致指导和热忱帮助。

本书是笔者进行中国环境治理研究的初步成果,以此为开端,希冀后续研究能够更加深入地探讨中国环境治理的重大现实问题,为提升中国环境治理效能、推动经济社会发展绿色化贡献绵薄的力量。党的二十大召开之后,人与自然和谐共生的现代化成为中国式现代化的核心目标之一。在迈向这一目标的进程中,环境治理与经济发展的问题交织在一起,复杂而又丰富,需要相关领域的研究者一道努力,增添更多新知和洞见。

由于笔者的理论功底和研究水平有限,书中的错误和不足可能有许多,恳请专家学者们不吝指正。

第一章　绪论

第一节　研究背景

一、环境污染伴随经济增长出现

自改革升放以后,尤其在 2001 年中国加入 WTO 后,中国经济走向了高速增长的轨道,实现了举世瞩目的经济增长奇迹。期间,伴随经济高速增长的一个典型事实是日益严峻的环境污染问题。环境污染渗透到人们生活的方方面面。例如,每到冬天,一些大型城市经常出现雾霾天气,显著影响了人们的日常出行和工作。

中国的经济发展起步于一个贫穷落后的农业大国,在农业工业化阶段,必然导致污染排放的增加。尤其是中国的能源结构以煤炭为主,大量煤炭的燃烧是污染排放的主要来源。为了获取发达国家的技术和经验,中国一度以市场作为让渡,吸引了大量的外商直接投资。而这些外商直接投资往往是发达国家本国淘汰的污染产业或污染环节,这些污染产业和污染环节的流入也进一步加剧了中国的环境污染问题。

经济高速增长固然会带来污染的增加,但如果能够对污染进行及时有效的治理,也不一定会造成严重的环境问题。但问题是,在全球化经济的时代,中国各类产业的发展和成长面临来自全球竞争者的压力。很长一段时间内,中国产品在全球市场的核心竞争力是低成本带来的物美价廉。如果通过升级生产线降低生产过程产生的污染,抑或增加污染治理设备减少排放的污染,固然能够遏制日益严重的环境问题,但同时也会削弱中国产品的成本优势,丧失全球市

1

场的竞争力。

面临环境治理与经济发展的两难境地,在中国经济水平还处于较低阶段,全面小康社会仍未建成时,偏向经济增长而忽视环境治理的选择是理性的。事实上,现在看上去拥有清洁空气与干净水源的大多数西方国家,在经济高速增长的历史时期都曾经出现过类似的情况。例如,英国的伦敦,美国的匹兹堡、洛杉矶等城市,也都经历过严重的空气和水污染。只是这些城市在经济迅速发展以后进行了数十年严格的环境整治,实现了空气与水质量的极大改善。

二、中国亟需纵深推进环境治理

如果说在中国从农业化转向工业化的经济高速发展阶段,环境污染问题是我们必须要承受的代价,那么到今天,中国已经亟需针对环境污染展开有效的治理。原因有多个方面:

首先,在经济增长过程中,长年累月产生的环境存量问题逐渐逼近环境承载力的限值。在经济增长的初期,即使排放大量的污染,也在环境承载的范围内,但随着环境存量问题日益突出,以大量污染排放为主要特征的粗放式增长模式显然难以为继。虽然中国幅员辽阔,地域广袤,但过去几十年经济快速增长的地区基本均集中在京津冀、长三角以及珠三角等局部地区,污染产业也在这些局部地区形成链式集聚,对当地的环境承载力造成了严重的威胁。2013年,北京市频繁出现的可悬浮颗粒物浓度"爆表"事件就是环境承载力趋向限值的例证。

其次,逐渐突破环境承载限值的污染问题不仅对居民的健康产生影响,也阻碍了中国经济的长期可持续发展。无论是空气污染还是水源污染,都与居民的日常生活密切相关。长期接触污染的空气和水源,会直接导致居民的健康受到影响。关于这一点,现有的文献已经给出了大量的证据。居民为了避免暴露于空气污染之中,虽然会增加对口罩、空气净化器等防护品的消费,但同时也会减少户外出行,减少电影、旅游、餐饮等线下服务业消费。后者的体量明显大于前者,因而污染总体上会对国内消费需求产生冲击,不利于扩大内需并增强消费对经济发展的基础性作用。并且,一旦空气或水污染严重到无法进行有效防护的程度,将会形成巨大的医疗成本冲击,通过对居民健康的损害威胁长期经济增长依赖的人力资本积累。

再者,在追求人与自然和谐共生的现代化阶段,公众对于环境污染问题的态度也已发生转变。经济学有一个经典的理论是环境库兹涅茨曲线。大概的意思是,在人均 GDP 水平还不高的时候,人们更能容忍环境污染,希望追求 GDP 的快速发展,提升生活水平。但随着 GDP 水平不断提升,人们对于清洁环境的需求将越来越大,更加偏好环境的优化。因此,人均 GDP 与环境污染呈现倒 U 形曲线关系。近些年,由于环境问题的频繁出现,无论是城市内公众因环境问题产生的上访和投诉,还是农村出现的以环保抗争为诉求的群众事件,都已经到了必须重视的地步。

最后,中国经济发展目标已经从高速增长转向高质量发展,客观上也为环境污染的治理提供了空间和条件。2008 年全球金融危机以后,尽管中国政府通过"四万亿"宏观投资计划一度扭转了经济增长下滑的形势,但在 2010 年以后,经济增长仍然不可避免地进入持续下滑的通道。中国政府在科学分析国内外经济发展形势、准确把握我国基本国情的基础上,针对我国经济发展的阶段性特征作出了经济发展进入新常态的重大战略判断,经济发展目标从高速经济增长转向高质量发展。在党的二十大报告中,中央更是高屋建瓴地指出中国经济高质量发展的关键环节是推动经济社会发展绿色化、低碳化。可以说,这些宏观经济目标的转变为实现环境污染的有效治理提供了难得的机遇。通过降低经济增长目标,给予了地方政府向环境污染治理倾斜资源的契机,同时在高质量增长目标下,优质环境成为经济发展的关键要素,地方政府也具有治理辖区的环境污染的激励。

三、地方政府主导环境治理模式

中国幅员辽阔、人口众多,是一个发展中大国,国家治理面临政策统一性与地方多样性如何权衡的两难问题。就环境治理而言,大多数国家都采用分权治理的模式,对于中国这样的大国而言更是如此。长期以来,中央政府制定环境政策,地方政府负责执行。虽然原环保部在地方上设立对应的环保厅和环保局等部门,但地方人事关系的交织使得地方政府很大程度能够影响环境政策的执行。正是因为这一点,有大量的研究认为,过去中国严重的环境污染问题源于地方政府对中央环保政策的"阳奉阴违"。

诚然,在中央制定环境政策,地方政府负责执行的分权治理模式下,地方政府实际拥有的自由裁量空间会带来种种不利的后果。尤其是当地方政府面临激烈的经济竞争时,这样的自由裁量空间往往会演变成地方政府对中央环境政策的非完全执行,甚至形成逐底竞赛的环境治理,不断加剧辖区内的污染问题。近年来,此类现象的频繁出现,使得学术界与政策界关于环境治理从分权走向集权的呼声越来越高,政府部门也相应地进行了集权化改革。例如,2016年中共中央办公厅、国务院办公厅联合印发《关于省以下环保机构监测监察执法垂直管理制度改革试点工作的指导意见》,开启了环保部门自上而下的垂直管理改革。此外,自2016年开始,中央环保部门成立中央环境保护督察组,启动针对河北、河南、内蒙古、黑龙江、江苏以及云南等地的环境保护督察,也是环境治理集权化改革的体现。

但是,无论是环境部门的垂直管理改革,还是类似中央环保督察的运动式集权治理,都改变不了中国常态化环境治理需要以地方政府为主体的事实。原因是,在大国治理中,中央政府作为单一主体具有的注意力极为有限。如果以中央政府作为环境治理的主体,容易陷入环境治理效率低下的局面。一方面,中央政府无法提供足够的人力、物力稽查地方企业的环境污染行为,难以对地方企业的治理行为形成真正的威慑;另一方面,中央政府对地方信息了解不足,也无法制定适宜的地方性环境政策,采取有效的环境治理措施。相比之下,以地方政府为环境治理的主体,能够相应地解决这两个极为棘手的问题。

事实上,以地方政府为主体的环境分权模式本身并不是导致中国过去很长一段时期环境治理低效的原因。驱动地方政府行为的背后其实是中央政府的激励,在 GDP 作为上级政府考核下级地方官员主要指标的情况下,地方政府通过牺牲环境促进 GDP 发展的动力,不会因中央政府颁布多少环境政策而改变。即使在中央政府开始将环境指标纳入官员考核体系后,也仅仅是对辖区内出现重大环境事件的官员进行问责,考核绩效仍然主要与辖区的经济增长与财政收入等指标挂钩。因此,虽然中国的常态化环境治理需要以地方政府为主体,但中央政府也需要相应地对自上而下的考核激励进行适应性调整和优化。

第二节　研究目的

中国经济能否顺利转向高质量发展阶段,实现人与自然和谐共生的现代化,取决于环境污染存量问题能否得到有效的治理。环境污染问题的解决需要久久为功,通过优化设计环境治理政策达到长期治理的效果。鉴往知来,既然中国常态化环境治理的主体是地方政府,我们就有必要厘清地方政府环境治理的政策演进过程以及相应的治理效果。因此,本书的重点内容呼应中国经济高质量发展对环境有效治理的现实需求,围绕中国地方政府的环境治理展开深入的研究,以期达到以下研究目的。

第一,分析地方政府环境治理政策的策略行为和演变路径。从截面维度来看,各个地方的经济条件、资源禀赋以及政策因素等大不相同,地方政府根据地方实际情况采取的环境治理政策不可避免存在差异。在官员晋升锦标赛的逻辑下,地方政府围绕经济竞争开展的环境治理可能会形成策略性互动。从时间维度来看,随着我国经济发展水平持续提升,"绿水青山就是金山银山"的理念逐渐深入人心,地方政府环境治理的内在激励正在不断发生变化,从早期被动执行中央环境政策向自主推动环境政策创新过渡。本书试图厘清地方政府间环境治理策略性互动的具体特征,揭示影响地方政府环境治理政策演变的内在动力,为中国地方环境治理效率的提升提供政策层面的启示。

第二,分析地方环境治理产生的环境效应与经济效应。一方面,在地方环境治理存在策略性互动行为的情况下,地方环境治理将如何影响污染排放? 本书通过回答这一问题试图找出近年来一些地区即使加强环境治理也无法根本改善辖区内环境问题的原因,为今后环境治理政策的优化设计提供理论和数据支撑。另一方面,地方政府环境治理在形成策略性行为后,除了会影响污染排放外,也会产生不可忽视的经济效应。本书以生产率为切入点,剖析地方政府环境治理的经济效果,为实现地方环境治理与经济长期增长的共赢,进而实现经济高质量发展提供可能的政策着力方向。

第三,优化环境政策的顶层设计,实现地方环境治理效果的最大化。本书在廓清地方政府环境治理政策演变及其政策效果的基础上,挖掘出地方环境治理效能提升的关键堵点。通过中央政府自上而下的政策调整全力打通关键堵点,从顶层设计的角度不断优化地方政府环境治理的内在激励。

第三节　研究思路

本书以地方政府环境治理政策的现实演进为研究脉络,既聚焦于早期地方政府对中央环境政策的被动执行,也专注于分析近年来地方政府从被动执行中央环境政策向自主性环境政策创新的转变。

在分析早期地方政府对中央政策的被动执行时,本书侧重于关注地方政府环境治理的差异与策略性互动行为产生的环境和经济效应。试图回答以下问题:地方政府环境治理的差异是否引发了污染的空间转移? 污染的空间转移表现为何种特征? 地方政府环境治理的策略性行为具体表现为何种模式? 不同地方政府参与的环境治理策略性行为是否存在差异? 地方政府环境治理的策略性行为对城市生产率存在何种影响? 为了优化地方政府环境治理的环境效应和经济效应,关键的政策着力点在哪里?

在分析近年来地方政府从被动执行中央环境政策向自主性环境政策创新的转变时,本书侧重于关注地方政府自主性环境政策创新的内在激励与政策效果。试图回答以下问题:地方政府自主性环境政策创新的关键驱动因素是什么?为什么有的地方政府能够自主探索出创新的环境政策,而有的地方政府却做不到?地方政府自主性环境政策创新在政策效果上是否合意?地方自主性环境政策创新的优势与不足是什么?

根据上述研究思路和试图回答的问题,本书分为七章。

第一章:绪论。本章主要介绍了中国环境治理的研究背景,即伴随着经济高速发展产生了不可忽视的环境污染问题,在追求人与自然和谐共生的现代化道路上,这些环境污染问题亟需解决,而地方政府应该是解决环境污染问题的主体。同时,本章还扼要地介绍了本书的研究目的、总体思路以及主要创新,以帮助读者快速了解本书的核心内容。

第二章:文献综述。本章总结了关于中国地方环境治理行为、地方环境治理的环境效应与经济效应的研究文献,明确了各个方向研究的最新观点与不足。

第三章:地方差异化环境治理与污染就近转移。本章首先构建一个两地区空间模型,说明地方间环境规制差异是影响污染产业选址的重要因素。理论上,污染产业在面临辖区日益加大的环境规制力度后既可能选择空间大尺度的转移,也可能受到本地市场效应和跨地迁移成本的影响选择就近转移。随后,本章结合公众环境研究中心数据、中国城市统计年鉴数据以及中国工业企业数据库,实证检验了本地环境规制与邻地环境规制对本地污染排放的影响。研究证实了地理相邻地区间环境治理力度差异导致污染在空间上就近转移,表明生态环境治理尤其需要地理相邻地区之间就环境政策达成协同。

第四章:地方非对称环境治理与生产率增长。地方政府间环境治理的差异不仅在静态上表现为各地环境治理力度的不同,还在动态上可能呈现为策略性互动行为的异质性。本章首先采用两区制空间计量模型实证检验不同地区环境治理的策略性行为,揭示了地理相邻地区间形成"逐底竞赛"的环境治理互动,而经济相邻地区间表现为"竞相向上"的环境治理互动。随后,本章进一步实证分析了地区间环境治理互动对城市生产率增长的影响,发现地理相邻城市间与经济相邻城市间分别产生了"以邻为壑"与"以邻为伴"的生产率空间模式。

第五章:地方环境治理从被动执行到自主创新。本章首先阐述了中国地方环境治理的政策演进过程,指出近年来在经济高质量发展的总体目标下,地方政府的环境治理绝不仅仅限于对中央环境政策的被动执行。部分地区已经具有内在的激励展开自主性环境政策创新,不断加大辖区的环境治理力度。随后,本章通过地方官员年龄刻画其晋升激励,以近年来一项典型的地方自主性水污染治理政策——河长制为研究对象,深入分析了地方官员晋升激励对辖区环境治理政策演进的影响。

第六章:地方自主性环境政策创新的效果评估。本章同样以河长制为研究对象,分析了河长制政策在地方自主推行过程中对辖区水污染的治理效应。此外,本章还进一步分析了地方官员特征与辖区地理因素对河长制政策效果产生的影响。

第七章:研究结论与展望。本章总结了全书的主要研究结论,并且指出了相关研究存在的局限性,对有待进一步研究的相关问题进行了展望。

第四节 主要创新

对中国这样一个发展中大国而言,在迈向现代化社会的关键时期,如何提高环境治理效率是学术界与政策界关注的重要议题。本书通过总结中国地方环境治理政策的演进过程及其治理效果,提炼出具有中国特色的环境治理宝贵经验和智慧,不仅对现有文献的研究视角和研究内容形成了有益的补充,也对中国环境治理优化和其他发展中国家环境治理的政策实践提供了启示。在研究问题方面,本书的主要创新点可概括如下。

(1)揭示了地理相邻的地方政府间环境治理差异与污染就近转移的关系。这一关系不仅能够解释落后地区污染严重的现象,同时也能够解释为什么近年来经济发达地区即使加强本地环境治理也难以有效解决环境污染的问题。

（2）强调了地方政府环境治理策略性行为的异质性，为地区间不断加大的环境治理力度差异提供了一种有力的解释，也更加全面地刻画了中国地方政府环境治理的特征。

（3）在过去研究环境规制与企业行为的文献中，环境规制对企业选址决策和企业创新决策的影响常常被作为两个独立的话题分开进行研究。本书将二者嫁接在一起，深入剖析了我国地方政府环境规制交互行为的经济（生产率）影响。

（4）以政绩考核和官员晋升为切入点讨论地方政府环境治理从被动执行中央环境政策到自主创新环境政策的演变机制，基于地方官员晋升激励异质性的角度解释了地方政府自主性环境治理存在差异的客观事实。

（5）现有文献在讨论中国地方环境治理时大多侧重于分析地方政府对中央环境政策的执行，本书首次以中国一项典型的地方自主性环境政策创新——河长制为例，讨论了地方自主性环境治理的政策效果，拓展了文献中关于中国环境政策评估的研究视角。

除了研究问题层面的边际贡献，本书在研究方法运用、工具变量选择以及环境指标构建等方面对相关研究也具有一定的借鉴意义。

（1）本书采用的空间计量模型主要是空间自滞后模型，而不是常见的空间滞后模型、空间误差模型以及空间杜宾模型等。与这些模型相比，空间自滞后模型长期以来被空间计量模型的应用文献所忽视，但是该模型存在独特的优点。例如，该模型设定更具一般性，能够较为简洁地处理内生性问题等（Vega and Elhorst，2015）。本书对空间自滞后模型的运用提供了该模型适用的具体情境，为其他相关研究提供了有益参考。并且，本书在运用空间计量模型时还处理了一些空间计量模型在应用时被广为诟病的细节问题，如空间权重矩阵的内生性问题，空间权重矩阵的行标准化问题等，这些细节问题的解决对于提升空间计量分析结果的可信度大有裨益。

（2）本书选用空气流动系数作为工具变量对环境规制变量可能存在的内生性问题进行处理，为相关研究提供了一个解决环境规制变量内生性问题的选项。

（3）本书构建了两个相对干净的衡量地市级政府环境规制执行程度的指标，与以往文献采用的指标相比，更适合于检验地方政府间的环境规制竞争形式。

第二章　文献综述

第一节　地方环境治理的策略行为

地方政府之所以会形成策略性行为,其背后的制度因素是中央政府对地方政府的分权。尽管分权带来了很多优势(Hayek,1945),但是就地方政府能否有效地提供公共品而言,已有研究存在较大的争议。一个较为普遍的观点是,地方政府由于偏好、预算以及预期等因素互相影响,可能会导致低效率的公共品供给(Revelli,2005)。对应于这三种影响因素,已有文献总结了地方政府间策略性行为的三种形成机制,分别是溢出效应机制、资源流动机制和标尺竞争机制。

溢出效应机制刻画的是由于公共品存在溢出效应,地方政府的政策直接受其他政府(主要是邻近地方政府)政策影响的机制。例如,一个地区增加公共支出使得邻近地区受益,邻近地区的公共支出就会相应地受到影响,存在搭便车的可能(Case et al.,1993;Murdoch et al.,1993;Kelejian and Robinson,1993;Murdoch et al.,1997;Fredriksson and Millimet,2002)。资源流动机制强调地方政府间的政策并不直接产生相互之间的影响,而是由于共同存在竞争流动性资源的动机,地方政府间的政策间接产生交互行为(Ladd,1992;Heyndels and Vuchelen,1998;Brett and Pinkse,2000;Brueckner and Saavedra,2001;Hayashi and Boadway,2001;Revelli,2001)。标尺竞争机制主要存在于"自下而上"的政治体制中(Besley and Case,1995)。由于预期到辖区居民会根据邻近地区公共服务供给水平判断本地区官员的好坏,从而影响官员选举结果,地方政府往往会基于邻近地区的公共政策积极调整本地的政策。

在上述三种机制中,资源流动机制强调地方政府因竞争流动性生产要素形成的政策交互行为会造成较大的公共品供给效率损失,因而在文献中得到了广泛关注。根据污染避难所假说(Copeland and Taylor, 2004),环境治理成本是影响企业区位决策的重要因素(Becker and Henderson, 2000; Lombard, 2002; Keller and Levinson, 2002; List et al., 2003; Fredriksson et al., 2003)。不少文献认为,地方政府为了吸引更多的流动性资本流入,具有充分的激励降低自身的环境规制水平。甚至出于竞争流动性生产要素的动机,地方政府在环境规制上会形成逐底竞赛的策略性行为(Levinson, 2003; Potoski, 2001; Woods, 2006),各地方政府竞相降低辖区的环境规制力度。

但是,上述结论并未在现有文献中形成共识,有不少文献未发现完全支持逐底竞赛的证据(List and Gerking, 2000; Potoski, 2001; Fredriksson and Millimet, 2002; List et al., 2003; Levinson, 2003)。一方面,与逐底竞赛完全相反,不少文献认为环境规制竞争表现为竞相向上的形式。例如,沃格尔(Vogel, 2009)认为环境规制竞争会导致各地区的环境标准趋向提升而非降低。他用于例证自己观点的案例是美国各州都采取了与加利福尼亚州一样严格的汽车尾气排放标准。另一方面,也有不少文献指出不能简单地认为地区间存在同质性的环境规制策略行为。例如,科尼斯基(Konisky, 2007)指出环境规制逐底竞赛和竞相向上实际上可能同时存在。由于各个地区的经济规模和经济结构存在差异,地方政府对待污染密集产业的偏好在各个地区并不相同。尽管有的地方政府确实在通过不断降低辖区的环境规制水平吸引流动性资本,但也有地方政府存在邻避主义,对污染密集型产业并不感兴趣,甚至为了赶走污染密集型产业而不断加大辖区内的环境规制力度。

在诸多发展中大国,分权已经成为普遍性的改革趋势。中国也不例外,在渐进性的改革过程中逐步形成事权下放的央地政府治理结构。在这样的制度框架下,地方政府很容易在环境规制上形成政策交互行为。对此,李永友和沈坤荣(2008)、肖宏(2008)、李胜兰等(2014)以及韩超等(2016)的研究已经提供了充分的经验证据。他们的研究证实中国地区间污染控制决策具有明显的策略性特征,但是并未对策略性行为的具体形式展开分析。尽管已有少数文献指出在中国同样存在环境规制交互行为的异质性。例如,张征宇和朱平芳(2010)、朱平芳等(2011)认为处于不同发展阶段的地区对环境的偏好大相径庭,地区间环境规制竞争的形式不太可能表现一致。但是,仍然有大量文献简单地根据普遍存在的环境污染将环境规制逐底竞赛作为先验结论,继而认为中国地方政府存在环境规制普遍性非完全执行的问题(张华,2016)。

值得指出的是,逐底竞赛暗含的一个关键前提是,地方政府仅针对具有竞争关系的地方政府进行政策调整,并且当且仅当竞争地区的政策置本地区于不利地位(就竞争流动性资本而言)时才会作出回应(Konisky,2007)。基于这一前提,不少文献事实上并未对中国地方政府间环境规制是否存在逐底竞赛进行严格的检验,而是将其作为既定结论,直接对引致环境规制逐底竞赛的因素进行分析(杨海生等,2008;王文普,2011),得出的结论自然有待商榷。

第二节 地方环境治理的环境与经济效应

一、地方环境治理与污染转移

鉴于环境规制对企业行为决策的关键作用,国内外学者很早就针对地方环境治理如何影响企业行为展开了大量的讨论。有一支文献专门研究环境规制对企业创新行为的影响,其中的早期研究倾向于认为环境规制会挤占企业的生产性投资,迫使企业将原本计划用于研发创新的资金投入到非生产性的环境治理环节,阻碍企业的技术升级。后来随着研究的不断深入,波特(Porter,1991)、波特和范德林德(Porter and van der Linde, 1995)提出了与早期研究不同的看法。他们认为虽然短期内企业可能会因为环境规制带来的额外成本而缩减创新投入,但是环境规制可以倒逼企业从事技术创新,由此带来的创新补偿效应最终会超过遵循成本(Jaffe et al.，2002)。总体而言,尽管这支文献对环境规制与企业创新之间的关系进行了许多有益的探索和讨论,但是忽视了企业在决定是否就地从事创新之外的另一种选择——搬迁到环境规制较弱的地方。事实上,企业在面临本地区日益加强的环境规制时,不仅可以通过从事创新实现环境治理成本的降低,同样可以通过重新选址降低环境治理成本(Becker and Henderson，2000；List et al.，2003；Keller and Levinson，2002),这就是通常所说的污染避难所效应(Copeland and Taylor，2004)。

最早研究污染避难所效应的文献多从国家层面展开,核心问题在于识别环境标准更低的落后国家是因为更低的环境标准还是其他因素吸引了跨国资本。不少学者针对可能存在的污染避难所效应进行了实证检验,但得出的结论并不一致。一些学者提供了支撑污染避难所效应的证据,但也有一些学者发现跨国资本并没有显著偏好环境规制更弱的国家或地区(Xing and Kolstad，2002)。导致研究结论不一致的原因一方面可能是由于不同研究选取的样本不完全一致,而污染避难所效应并非适用于所有污染物或产业的一般性规律(Eskeland and Harrison，2003),另一方面还有可能是因为现有研究对环境规制变量的测度存在内生性偏误,难以揭示环境规制与污染转移之间真正的因果关系(Keller and Levinson，2002；List et al.，2004)。

围绕污染避难所效应是否在中国成立的研究最初将中国作为一个整体。由于中国是一个典型的发展中国家,这些研究试图分析中国相对发达国家较低的环境规制标准是否吸引了外资流入(夏友富,1999;朱平芳等,2011;陆旸,2012)。随着中国经济的高速发展以及随之而来的内部地区经济发展分化,也有不少文献开始关注中国国内地区之间的污染转移现象。其中一支文献侧重分析行政区域内的污染转移,并发现了偏向行政边界的污染转移现象。例如,杜维威尔和熊航(Duvivier and Xiong，2013)利用河北省的县级数据发现污染企业偏好在省级行政边界附近的县域设厂。蔡洪滨等(Cai et al.，2016)利用中国24条主要河流附近的县级数据验证了污染企业从省域内部向省际边界转移的行为,揭示出污染企业向行政边界转移的目的在于跨界污染。另一支文献则着重研究污染在行政区域间的转移,并且研究视角主要着眼于从东部到西部的空间大尺度转移。例如,吴浩怡等(Wu et al.,2017)利用2006—2010年新建污染企业的微观数据,发现"十一五"规划首次将二氧化硫和化学需氧量排放总量减少10%明确为约束性指标后,企业开始偏向在西部地区设厂,形成污染向西转移的态势。林伯强和邹楚沅(2014)直接研究了中国"东部—西部"的污染转移,发现随着经济发展水平的提升,东部向西部地区的污染转移愈加明显。

二、地方环境治理与企业创新

地方政府的环境规制在影响企业选址决策的同时,也可能会影响企业的创新行为。早期研究认为环境规制会挤占企业的生产性投资,从而影响企业的竞争力。但随后,波特和范德林德(Porter and van der Linde,1995)提出的"波特假说"认为,只要环境规制设计适当,就能引发创新补偿效应,提升企业技术创新水平并降低环境治理成本。由于"波特假说"与早期研究的结论大相径庭,围绕该假说的争议一直持续了二十多年。虽然有文献对"波特假说"提出了质疑(Palmer et al.,1995;Franco and Marin,2017),但是更多的文献证实了环境规制与企业创新尤其是环境创新存在正向的关联(Lanjouw and Mody,1996;Brunnermeier and Cohen,2003;Popp,2006;Johnstone et al.,2010;Lanoie et al.,2011;Lee et al.,2011)。

遗憾的是,尽管现有文献从多个视角对"波特假说"进行了验证,例如,拉诺伊等(Lanoie et al.,2011)区分了强形式、弱形式以及狭义的"波特假说",并逐一进行了验证。但是这些研究均忽视了污染避难效应可能对"波特假说"造成的影响。在"波特假说"中,环境规制能够激励企业从事创新行为的原因在于技术进步可以降低污染治理成本。不过,企业同样可以通过迁移到环境规制水平较低的地区来降低污染治理成本。如果地方政府间的环境规制交互行为迫使企业通过易址降低环境治理成本,无形中就破坏了环境规制对企业创新的倒逼机制,从而对企业与地区生产率增长造成不利影响。

在研究地方政府环境规制互动的文献中,鲜有文献讨论地方政府间环境规制互动对辖区生产率增长的影响。这是因为大多数研究集中于探讨地区间环境规制互动对企业投资(迁址)行为的影响,忽视了地区间环境规制互动在影响企业投资(迁址)行为的同时,也会对企业创新与生产率产生影响。背后的逻辑是,企业为了降低自身的环境治理成本,具有两种选择:一是通过技术创新改变生产工艺流程或升级污染治理设备,二是跨地迁移到环境规制程度更低的地区。当地方政府间环境规制互动使得企业选择迁址时,实际上就是使得这些企业在创新与迁址的抉择中放弃了前者,这无疑会对企业流出地的生产率产生影响。

纵观已有研究,尽管分别研究地方政府环境规制互动形式、地方政府环境规制影响企业迁址和创新行为的文献已经十分丰富,但鲜有文献将地方政府环境规制互动与企业迁址和企业创新联系起来,研究地方政府间环境规制互动对地区生产率增长的影响。企业选择创新还是迁址,很大程度上取决于地区间环境规制的差异,而地区间环境规制的差异又受到地方政府间环境规制互动形式的影响。当地方政府间存在非对称性环境规制互动时,地区间环境规制水平趋异,会加剧企业的空间自选择效应;而当地方政府间存在对称性环境规制互动时,地区间环境规制水平趋同,则会缓解企业的空间自选择效应。那么,地方政府间环境规制互动形式是否存在异质性?如果存在,异质性环境规制互动形式是否会引发差异性的生产率空间效应?本书区分地理邻近城市和经济邻近城市,试图研究地方政府间环境规制互动的具体形式。并且,在此基础上,探讨地方政府间环境规制互动如何影响生产率增长的本地效应和溢出效应,对上述问题展开全面的分析。

三、地方自主性环境政策创新

长期以来,中国环境治理采用分权治理模式,中央负责环境政策的顶层制定,地方政府负责执行中央环境政策。早在 20 世纪 80 年代,中央政府就开始加强环境治理。自 1989 年通过《中华人民共和国环境保护法》以来,全国人大及其常委会迄今已经制定了几十部关于环境与资源保护的法律,包括《水污染防治法》《大气污染防治法》《固体废物污染环境防治法》等(包群等,2013)。因此,多数文献认为中国环境治理低效的根源并不在于中央政府在环境法律法规制定层面的失位,而是地方政府对环境法律法规的执行不力(李永友和沈坤荣,2008;聂辉华,2013; Ghanem and Zhang, 2014;梁平汉和高楠,2014;张华,2016)。但即便如此,也不意味着环境治理低效的责任就完全在地方政府。追根溯源,地方政府之所以非完全执行环境政策、操纵篡改污染数据以及忽视环境公共支出(傅勇和张晏,2007;陈钊和徐彤,2011;王贤彬等,2013),根本原因还是在于自上而下的官员晋升考核以相对经济绩效为主要指标(陈潭和刘兴云,2011;张楠和卢洪友,2016)。

不可否认,围绕 GDP 增长展开的官员晋升锦标赛是推动中国长期经济高速增长的重要因素(周黎安,2004; Li and Zhou, 2005; Xu, 2011)。但是,随着地方官员为晋升而展开的竞争愈演愈烈,这一激励机制产生的负面效应也不断凸显,引致了严重的环境污染问题(周黎安,2007)。为了缓解粗放型发展模式带来的环境问题,中央政府自 2003 年提出"科学发展观",开始强调可持续发展的重要性。相应地,在官员晋升考核中逐渐增加环境指标的权重(冉冉,2013)。在 2005 年颁布的"十一五"规划中,更是对环境治理不达标的地方官员实施"一票否决"制(Kahn et al., 2015)。但是,环境指标是否真正成为官员晋升考核的重要参考,关于这一点目前学术界并没有形成一致的观点。一些学者的研究表明,中国约束性的环境目标已经是干部晋升的重要参考标准(Heberer and Senz, 2011)。并且,中央政府对于涉及环境保护的考核标准不可谓不重视,与环境保护相关的考核标准在整个考核标准中所占的比重约有 20%(Landry, 2008)。郑思齐等(Zheng et al., 2014)和孙伟增等(2014)甚至提供了环境治理改善会显著提升市长晋升概率的经验证据。与此相反,另一些学者认为尽管中央政府调整考核指标后能够促使地方官员相比过去更加关注环境治理,但是环境指标仍然不是影响官员晋升的决定因素。例如有研究发现,市级官员加大环境治理投资并不会显著提升自身的晋升概率(Wu et al.，2013)。

上述研究虽然指出了官员晋升激励与地方政府环境治理之间的逻辑关系，但是均将地方官员的晋升激励等同看待，不能充分解释在中央政府逐渐加强环境考核的背景下，地方政府环境治理行为存在差异的客观现象，也无法回答"为什么有些地方能够开展自主性环境政策创新，而有些地方并未进行类似的政策创新"的问题。事实上，虽然地方官员面临同样的绩效考核标准，但是官员个体特征的差异往往会使得其具有异质性的晋升激励，从而对辖区环境治理决策产生不同的影响(王贤彬等，2009)。现有讨论地方政府环境治理决策差异的文献大多将视野局限于发展阶段和产业结构等影响因素上。例如，黄滢等(2016)研究发现当第二产业比重较低时，第二产业占比上升会驱使地方政府放松环境治理；而当第二产业比重较高时，第二产业占比增加会迫使地方政府制定严厉的环境治理政策。总体来看，在现有文献中，官员晋升激励异质性与地方政府自主性环境政策创新之间的关系依然存在着理论和实证上的空白。不仅如此，现有文献在考察地方政府的环境治理行为时，大多将研究对象局限于地方政府对中央政府自上而下式环境政策的执行。例如，蔡洪滨等(Cai et al.，2016)研究了地方政府执行中央政府制定的"十五"规划中的减排要求所产生的污染治理效应。相比之下，这些文献较少关注地方政府自主推行的环境政策。因此，本书也试图从这个视角弥补现有研究的不足。

第三章　地方差异化环境治理与污染就近转移

第一节　引言

在中国经济高速发展的进程中,中央政府很早就致力于加强环境治理。早在 20 世纪 80 年代初,环境保护就被列为基本国策(张文彬等,2010)。自 1989 年通过《中华人民共和国环境保护法》以来,全国人大及其常委会已经制定了几十部关于环境与资源保护的法律(包群等,2013)。在党的十八大召开以后,中央更是提出"绿水青山就是金山银山"的理念,全方位、全地域、全过程加强生态环境保护。但是在较长一段时间内,中央政府的积极作为并没有在环境治理效果上得到明显体现,环境污染问题愈演愈烈,成为学术界和政策界广泛关注的突出问题。为什么会产生这一现象? 以往研究主要从我国财政分权结构的视角进行解释,认为 1994 年的分税制改革减少了地方政府的财政收入,为了应对刚性的财政支出,地方政府具有极大的动力竞争流动性资源。为了达到吸引流动性资源增加财政收入的目的,地方政府倾向于非完全执行中央政府制定的环境政策(Wang et al., 2003),从而造成了普遍的环境污染问题。概言之,这些研究认为地方政府普遍降低辖区的环境规制力度导致了我国普遍存在的环境污染问题。

然而,尽管上述观点有其合理性,但是并不能解释现实中存在的以下现象:一些大城市为了谋求产业升级,不断提高当地的环境治理水平,却没有摆脱环境污染的困扰,比如北京。这其中,固然是因为经济长期粗放式发展遗留的环境存量问题在短期内难以根治,但污染跨区域溢出可能也难辞其咎。中国是一个幅员辽阔的大国,地方间存在显著的多样性、差异性和不平衡性。地方政府竞争流动性资源的激励程度不一,必然导致各地区对中央环境政策的执行存在差异。这种差异客观上给污染企业提供了通过跨地转移回避环境治理的空间(Becker and Henderson, 2000; Keller and Levinson, 2002; List et al., 2003),并且由于本地市场效应对污染企业迁移的制约,污染转移往往表现为地理空间上的就近转移。

污染就近转移使得一些地区即使大力推进环境治理,也难以根本改变自身的污染状况,削弱了部分地区环境治理的效果。不仅如此,污染就近转移还可能是中国自上而下的环境治理政策在较长一段时间内无法根治环境污染问题的主要原因。正是由于污染转移空间的存在,污染企业一旦面临本地环境规制的强化,就倾向于通过就近转移逃避环境规制。如此,一个地区污染的降低往往以另一个地区污染的增加为代价。更为重要的是,相比污染迁出地区,迁入地区对污染控制更加宽松,迁出地区降低的污染总是小于迁入地区增加的污染,从而增加全国总量污染,制约环境治理的规模效应,降低环境治理效率(陆铭和冯皓,2014)。

无论与污染就地排放还是与污染偏远转移相比,污染就近转移均会带来更大的社会福利损失。遗憾的是,以往研究均未关注地方差异性环境规制对污染就近转移的影响,如何避免污染就近转移对环境治理的负面效应也处于研究空白。基于此,本章试图就我国地方差异化环境治理是否引起污染就近转移展开研究,以此廓清中央环境政策的失效并不完全在于地方政府普遍降低辖区环境治理水平,还源于地方政府间并未就环境治理达成联防联控。

第二节 环境治理引致污染就近转移:理论与事实

一、理论模型

借鉴莱文森和泰勒(Levinson and Taylor, 2008)构建的局部均衡模型,将两地区模型拓展成三地区模型。三个地区分别表示为1、2、3,假定生产要素价格外生给定,不失一般性,采用单位污染税 τ 衡量环境规制程度,污染税 τ 也是外生给定,且满足 $\tau_1 > \tau_2 > \tau_3$。假定初始状态下,地区 1 存在产业 $\eta \in [0,1]$,地区 2 和 3 不存在任何产业。产业 η 的污染密集度 $\sigma(\eta)$ 满足 $\sigma'(\eta) > 0, 0 < \sigma(\eta) < 1$。产业 η 在地区 1、2、3 的单位产品的生产成本分别是 c_1、c_2、c_3,并且满足 $c_1 < c_2 < c_3$。劳动力和资本可以在区域间自由流通,导致生产成本存在差异的原因在于资本的使用成本。与地区 1 不同的是,产业 η 搬迁到地区 2 和地区 3 的资本使用成本中还增加了固定资产的搬迁成本(流动资本的价格在地区间是相同的)。相比于地区 2,地区 3 距离地区 1 更远,因此地区 3 的产业 η 的单位生产成本更大。

假定生产过程满足规模报酬不变,如果企业将投入的 θ 部分用于治理污染排放,产量和污染排放量分别为:

$$q(\eta) = [1 - \theta(\eta)]F(K(\eta), L(\eta)) \tag{3-1}$$

$$e(\eta) = [1 - \theta(\eta)]^{1/\sigma}F(K(\eta), L(\eta)) \tag{3-2}$$

显然,$de/d\theta < 0, de/d\sigma > 0$,即污染治理投资投入越多,污染排放越少,且在同等投入情况下,产业的污染密集度越高,污染排放越多。考虑地区 1,给定政府的污染税 τ_1 和生产要素价格,企业选择 θ 以最小化污染治理成本,即求解如下线性规划:

$$\min_{\theta(\eta)} \theta(\eta)c_1 F(K(\eta), L(\eta)) - \tau_1[1 - (1 - \theta(\eta)^{1/\sigma}]F(K(\eta), L(\eta))$$

$$\tag{3-3}$$

根据一阶条件,可得:

$$\frac{d\theta}{d\tau_1} = \frac{\sigma(1-\theta)}{(1-\sigma)\tau_1} > 0 \tag{3-4}$$

由此得到**命题 1**:地方政府的环境规制程度越强,辖区内企业污染治理的力度越大,污染排放越低。

根据式(3-1)和(3-2),可得:

$$q(\eta) = e(\eta)^\sigma [F(K(\eta), L(\eta))]^{1-\sigma} \qquad (3-5)$$

式(3-5)等同于将污染排放和产出作为投入要素的柯布道格拉斯生产函数。对于地区1来说,两者的价格分别为 τ_1 和 c_1,由利润最大化的一阶条件可得产业 η 中企业的单位成本为:

$$C_1(\eta) = A(\eta)\tau_1^\sigma c_1^{1-\sigma} \qquad (3-6)$$

其中, $A(\eta) = \left(\dfrac{1-\sigma}{\sigma}\right)^{\sigma-1} + \left(\dfrac{1-\sigma}{\sigma}\right)^\sigma$。假设地区2和地区3同质,不失一般性,考虑地区1的产业向地区2转移的情况。如果产业 η 迁移到地区2,企业的单位成本为:

$$C_2(\eta) = A(\eta)\tau_2^\sigma c_2^{1-\sigma} \qquad (3-7)$$

当且仅当 $C_2(\eta) < C_1(\eta)$,产业 η 才会迁移到地区2,即 $\dfrac{c_1}{c_2} > \left(\dfrac{\tau_2}{\tau_1}\right)^{\frac{\sigma}{1-\sigma}}$。令产业 $\bar{\eta}$ 使得 $C_2(\bar{\eta}) = C_1(\bar{\eta})$,即:

$$\frac{c_1}{c_2} = \left(\frac{\tau_2}{\tau_1}\right)^{\frac{\sigma(\bar{\eta})}{1-\sigma(\bar{\eta})}} \qquad (3-8)$$

由于 $\left(\dfrac{\tau_2}{\tau_1}\right)^{\frac{\sigma(\eta)}{1-\sigma(\eta)}}$ 关于 η 递减,故对产业 $\eta > \bar{\eta}$ 来说, $\dfrac{c_1}{c_2} > \left(\dfrac{\tau_2}{\tau_1}\right)^{\frac{\sigma}{1-\sigma}}$ 成立,即地区1中 $\eta > \bar{\eta}$ 的产业会迁移到地区2。由式(3-8)可得: $d\bar{\eta}/d\tau_1 < 0$,故当 τ_1 变大时, $\bar{\eta}$ 会变小。

由此得到**命题2**:当一个地区存在环境规制时,并非所有企业均会加大环境污染治理投资,污染密集程度越高的企业越可能具有跨地转移的激励。并且当辖区内环境规制程度加强时,会使得更多的污染密集产业转移到其他地区,造成其他地区污染排放增加,即存在环境规制引发的污染转移效应。

放松地区2和3同质的假设,如果产业 η 迁移到地区3,企业的单位成本为:

$$C_3(\eta) = A(\eta)\tau_3^\sigma c_3^{1-\sigma} \tag{3-9}$$

当 $C_2(\eta) < C_1(\eta)$、$C_3(\eta) < C_1(\eta)$，地区 1 的产业 η 可能会迁移到距离较近的地区 2，也可能会迁移到距离较远的地区 3。在此前提下，处于临界的产业 $\overline{\eta}'$ 满足 $C_2(\overline{\eta}') = C_3(\overline{\eta}')$，即 $\dfrac{c_2}{c_3} = \left(\dfrac{\tau_3}{\tau_2}\right)^{\frac{\sigma(\overline{\eta}')}{1-\sigma(\overline{\eta}')}}$。因为 $\dfrac{\tau_3}{\tau_2} < 1$ 且 $\sigma'(\eta) > 0$，所以对于产业 $\eta < \overline{\eta}'$，最优选择是转移到地区 2，对于产业 $\eta > \overline{\eta}'$，最优选择是转移到地区 3。

由此得到**命题 3**：产业从原地转移时，由于存在迁移成本、市场潜能等本地效应，即使距离更远的地区有着更低的环境规制标准，也有产业会迁移到距离较近而污染成本较高的地区，从而存在环境规制引发的污染就近转移效应。

二、特征事实

在现实案例中，产业转移往往伴随着污染转移，从空间尺度来看，其中既有就近的污染转移，比如无锡治理太湖污染时较多"五小"和"三高两低"企业向邻近郎溪县的转移；也有偏远的污染转移，比如苏州在产业结构升级过程中转移了大量的笔记本电脑代加工产业到距离甚远的重庆。那么，在这些零星的案例背后，污染转移的原因是什么，是环境规制还是其他因素引发了污染转移？如果是环境规制，造成的污染转移主要是就近转移还是偏远转移，一般性的规律是什么？在通过实证研究回答这些问题之前，本章首先通过描述特征事实获得如下初步证据。

第一，邻近城市的环境规制与本地污染排放呈现正相关关系。本章构建了两个衡量地区污染排放程度的指标：污染排放总指数和环境违规企业数，并且将本城市之外所有城市的环境规制通过空间权重矩阵加权形成环境规制的空间滞后项。通过简单的散点图发现二者之间存在稳健的正相关关系（见图 3-1 和图 3-2），说明邻近地区环境规制提升有可能会加剧本地污染排放，即可能存在环境规制引发的污染转移效应。由于越是邻近的地区在空间权重矩阵中的权重越大，故有可能存在环境规制引发的污染就近转移效应。

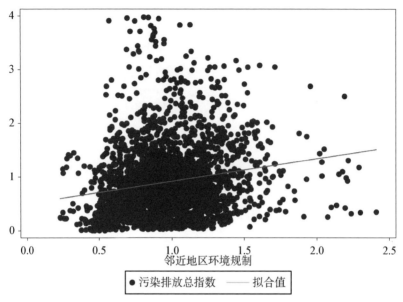

图 3 - 1　邻近地区环境规制与污染排放总指数

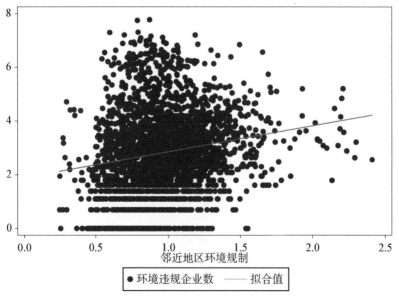

图 3 - 2　邻近地区环境规制与环境违规企业数

第二,污染排放呈现局部邻近地区的负向空间相关性。从省级层面来看,沈国兵和张鑫(2015)的研究发现虽然上海、广东和江苏等 21 个省份工业污染排放呈现正向空间相关性,但是北京和河北在工业污染排放上呈现显著的负向空间相关性,即一个地区污染排放的减少以邻近地区污染排放的增加为代价。从城市层面来看,本章根据自然分裂法将 285 个城市污染物排放总指数分成四个等级,发现邻近城市间普遍存在高排放和低排放并存的现象,说明邻近城市间可能存在着污染转移现象。

第三,污染转移并没有更多地偏向西部地区。根据原环境保护部公布的"十一五"全国主要污染物总量减排的考核结果,可以发现大多数省份在 2005—2010 年期间化学需氧量和二氧化硫的削减目标为 10%左右,而西藏、青海、新疆及新疆兵团等西部地区化学需氧量和二氧化硫的削减目标为正。但即使如此,截止到 2010 年,这些地区实际上也并未完全实现中央政府期望增加的污染物。例如,西藏化学需氧量的削减目标是 114%,但实际增长了 106.43%,二氧化硫的削减目标是 1 000.0%,实际却仅增长了 45.0%。[①] 这些数据表明,污染可能并没有更多地转移到西部地区,尽管确实存在从东部到西部的空间大尺度污染转移,但更加需要关注的可能是污染就近转移。

第三节　实证策略

一、计量模型

上述理论分析主要得出两点结论:第一,本地环境规制加强能够降低本地污染排放;第二,邻近环境规制加强会促进本地污染排放增加,即存在环境规制引发的污染转移效应,并且污染转移效应可能存在就近特征。但是,理论模型无法判断我国污染转移效应总体上表现为就近转移还是偏远转移,也无法准确

---

① 数据来自《2010 年度及"十一五"全国主要污染物总量减排情况考核结果》。

刻画环境规制引发的污染转移效应具体的空间特征和环境规制引致污染转移的具体机制,由此需要展开进一步的实证研究。本章实证分析的主要目的在于识别环境规制与污染转移之间的因果关系,以验证上述理论模型得出的主要结论,同时具体分析污染转移效应的空间特征。为了识别可能存在的污染就近转移效应,本章基于空间计量模型,通过考察邻近地区环境规制对本地污染排放的影响,间接考察环境规制与污染就近转移二者之间是否存在因果关系。

借助空间计量模型对空间溢出效应[①]进行实证估计已经在现有文献中得到广泛应用。其中,由于空间滞后模型(SEM)与最小二乘模型(OLS)类似,不考虑空间溢出效应,并且广义嵌套模型(GNS)存在参数过多和过度拟合的问题,因此实证研究中基本均采用空间自回归模型(SAR)、空间自回归组合模型(SAC)以及空间杜宾模型(SDM)等几种模型。[②] 长久以来,空间自滞后模型(SLX)一直未受到相关研究的重视,但采用 SLX 模型评估空间溢出效应却具有以下优势(Gibbons and Overman, 2012; Vega and Elhorst, 2015)。

第一,SAR 和 SAC 模型预先假定各解释变量的直接效应与间接效应比值不变,与实际情况往往不符,而 SLX 模型并不预设直接效应与溢出效应的比例,更加贴合实际。第二,由于纳入被解释变量的空间滞后项,SAR 和 SAC 模型捕捉的是全局空间溢出效应。换言之,即使已经明确两个地区在空间权重矩阵中并无关联,仍然会通过中间地区在这两个地区之间产生溢出效应。这一问题被现有研究广为诟病(Pinkse and Slade, 2010)。与这些模型不同,SLX 模型考虑的是局部空间溢出效应,更加符合现实情况。第三,与 SAR、SAC、SDM 等模型的系数估计结果不能直接用于直接效应和间接效应的解释相比,SLX 模

---

① 空间溢出效应是区域科学中最受关注的研究点之一,表示空间单元 i 中某个变量的变化对空间单元 j 中某个变量的影响(Vega and Elhorst, 2015),邻地环境规制影响本地污染排放即属于空间溢出效应。

② 这些空间计量模型的详细介绍可参见莱萨格和佩斯(LeSage and Pace, 2009)。

型在溢出效应的估计和解释方面更为直接。第四,与 SAR、SAC、SDM、SDEM 等模型不同,在传统计量模型中广泛采用的工具变量方法同样适用于 SLX 模型,并不会带来额外的估计问题(Vega and Elhorst,2015)。

基于此,本章采取 SLX 模型作为实证分析模型,设定具体的回归方程如下:

$$pollution_{it} = \alpha + \beta_1 ERS_{it} + \beta_2 WERS_{it} + X_{it}\theta + \mu_i + \eta_t + \varepsilon_{it} \quad (3-10)$$

其中,i 表示城市,t 表示年份。$pollution$ 表示工业污染排放,ERS 和 $WERS$ 分别表示本地环境规制强度和邻地环境规制强度。W 是空间权重矩阵,在基准回归中采用基于地理距离倒数的空间权重矩阵,正好可以表示地理距离越近的地区,市场潜能和迁移成本形成的本地市场效应越大,在空间权重矩阵中的权重就越大。特别指出,在标准化处理空间权重矩阵时,与现有文献一般采用行标准化方法不同,这里采用空间权重矩阵的最大特征值对其进行标准化处理。这样处理可以避免对空间权重矩阵的每一行按不同要素进行标准化处理导致的偏误问题(Kelejian and Prucha,2010)。X_{it} 是一系列控制变量。

本章选取 2004—2013 年中国 285 个地级及以上城市的全市统计数据进行分析。在样本期间,经国务院批准,安徽省于 2011 年撤销巢湖市,并将其所辖的一区四县划归合肥、芜湖、马鞍山三市管辖;同年,国务院同意贵州省设立毕节(原县级毕节市)和铜仁(原县级铜仁市和万山特区)两个地级市。另外,2012 年,海南省新设三沙市,辖西沙、中沙、南沙群岛。2013 年,青海省的海东地区改为海东市。由此,目前中国地级及以上城市的数量由原来的 287 个变为 290 个。为了保证统计口径一致,这里选择除巢湖、毕节、铜仁、三沙、海东及拉萨(历年数据缺失较多)以外的 285 个地级及以上城市作为数据统计和实证分析的研究对象。

二、变量与数据说明

(一) 环境污染排放

为了尽可能囊括主要的污染物,参考朱平芳等(2011)采用的方法,基于工业废水排放量、工业二氧化硫排放量及工业烟(粉)尘排放量构建城市层面工业污染物排放总指数,具体方法如下:

$$p\_total_i = \frac{1}{3}(pv_{i1} + pv_{i2} + pv_{i3}), \quad pv_{ij} = \frac{p_{ij}}{\sum_{i=1}^{n} p_{ij}/n} \qquad (3-11)$$

其中 p_{ij} 表示第 i 个城市污染物 j 的排放量($n = 285$;$j = 1, 2, 3$)。pv_{ij} 是第 i 个城市污染物 j 相对全国平均水平的排放指数,pv_{ij} 数值越大,表示城市 i 污染物 j 的排放水平在全国范围内相对越高。p_total_i 表示城市 i 的污染物排放总指数,由工业废水、工业二氧化硫及工业烟(粉)尘排放量三者相加取平均得到。

为了增强结论的稳健性,参考梁平汉和高楠(2014)的做法,采用微观企业因污染违规被通报的数量来衡量城市污染排放程度。借助 Python 从非营利性环保机构——公众环境研究中心的网站爬取全国企业环境监管信息数据库,将其在城市层面进行汇总。该数据库的数据质量可靠,目前已被研究者广泛使用(聂辉华,2013)。与梁平汉和高楠(2014)仅选用水污染超标的违规企业不同,本章整理的环境违法企业涉及的范围更加广泛,不仅包括水、气、固体废弃物等污染物排放超标,还包括程序违法、监控数据失实等违法类型。将环境违规的企业数量取对数($\ln firm$)作为被解释变量,数据覆盖 2004—2013 年。

在基准回归的基础上,为了进一步检验环境规制与污染转移之间的因果关系,避免邻地环境规制与本地污染排放受其他未观察效应影响而出现伪相关的可能,本章采用生活产生的污染物排放量作为回归模型的被解释变量进行安慰剂检验。如果真的是污染转移效应使得邻近环境规制与本地污染排放产生关联,可以预期当被解释变量换成生活产生的污染物排放时,二者之间的关联不复存在。若被解释变量是生活产生的污染物排放时,邻近环境规制依然加剧了本地污染排放,则说明并不是污染转移效应在产生影响。具体地,采用各城市生活污水排放量($lwater$)、生活污水中的化学需氧量($lCOD$)、生活污水中的氨氮量(lAN)、生活及其他产生的二氧化硫(lSO_2)、生活及其他产生的烟尘($ldust$)、生活及其他产生的氮氧化物(lNO)以及城市生活垃圾产生量($lgarb$)的对数值作为被解释变量。这些变量的数据均来自公众环境研究中心网站的全国地区环境状况信息数据库。

(二) 环境规制程度

如何准确衡量地方政府的环境规制力度至今仍缺乏定论,原因在于这项工作存在较多挑战。一些研究采用人均 GDP 或环境政策数量衡量环境规制强度(Mani and Wheeler, 1998; Antweiler et al., 2001),但是这两个指标并不能干净地反映环境规制程度,原因在于:一方面,虽然随着人均 GDP 增加,居民对环境质量的重视程度与主观评价变高,更加偏好环境质量,但是环境规制主要由地方政府实施,政府的激励与居民的激励可能截然不同;另一方面,地方政府在政策执行层面具有较大的自由裁量权,因此政策文本在我国的非完全执行现象十分普遍,环境政策的数量很难准确刻画环境规制的程度。除了这两个常用的指标,另一些研究还采用污染排放成本、污染减排投资(董敏杰等,2011;张彩云和郭艳青,2015)以及环保机构人数(Bu et al., 2013)等变量衡量地方政府的环境规制程度,但是这些变量在城市层面统计口径一致的连续样本数据难以获取。[①]

在尽可能兼顾数据可得性与指标客观性的基础上,本章将李玲和陶锋(2012)、王杰和刘斌(2014)对工业行业环境规制的测量方法拓展到地区层面。具体而言,借鉴赵细康(2003)的研究,通过二氧化硫去除率、工业烟(粉)尘去除

[①] 以污染减排投资作为环境规制的代理变量为例,缺乏连续的具有统一口径的污染治理投资数据。韩超等(2016)采用污染源治理投资与城市环境设施投资的加总数据表征环境规制投入,他们研究的样本期间为 2002—2007 年,但是 2002、2005 以及 2006 年《中国城市统计年鉴》均未提供污染源治理投资而仅提供了环境污染治理投资,并无证据表明环境污染治理投资与它们的加总投资(污染源治理投资加上城市环境设施投资)的统计口径一致,这导致年份之间的数据口径可能不可比。

率两个单项指标构建直接衡量城市环境治理效果的环境规制综合指数。构建环境规制综合指数的合理性在于每个城市的产业结构不同,主要的污染物排放也可能不同。如果给不同城市的同一污染物或同一城市的不同污染物赋予相同的权重,则会掩盖城市主要污染物治理力度的变化。环境规制综合指数需要尽可能多地包含主要污染物类型,本章仅考虑二氧化硫去除率和工业烟(粉)尘去除率,并未考虑工业废水排放达标率和固体废物综合利用率,原因在于缺乏样本期间连续的分城市工业废水排放达标量和固体废物排放量的数据。二氧化硫去除率和工业烟(粉)尘去除率通过计算各城市工业二氧化硫[工业烟(粉)尘]去除量与工业二氧化硫[工业烟(粉)尘]产生量(去除量与排放量之和)的比值得到。

环境规制综合指数的构建包含三个步骤。

第一,对二氧化硫去除率和工业烟(粉)尘去除率这两个单项指标进行标准化处理:

$$pt_{ij}^{\ s} = \left[pt_{ij} - \min(pt_j)\right] / \left[\max(pt_j) - \min(pt_j)\right] \qquad (3 - 12)$$

其中,pt_{ij} 表示第 i 个城市 j 类指标原值 $(i = 1, 2, \cdots, 285; j = 2, 3)$,$\max(pt_j)$ 和 $\min(pt_j)$ 分别表示 j 类指标在所有城市中的最大值和最小值,$pt_{ij}^{\ s}$ 表示第 i 个城市 j 类指标的标准化值。

第二,对各城市的两个单项指标分别计算调整系数 A_{ij}。由于不同城市工业二氧化硫和烟(粉)尘的排放比重存在差别,并且同一城市内不同污染物的排放程度也有所不同,所以需要对每个城市的每个污染排放指标赋予不同的权重,以准确反映各城市污染排放治理力度的变化。调整系数 A_{ij} 的计算方法如下:

$$A_{ij} = \frac{p_{ij}}{\sum_i p_{ij}} \bigg/ \frac{gdp_i}{\sum_i gdp_i} \qquad (3 - 13)$$

其中,A_{ij} 表示城市 i 污染物 j 的排放占全国污染物 j 的比重与城市 i 生产总值占全国生产总值的比重之比。采用 A_{ij} 进行调整的背后逻辑是，如果一个城市某种污染物的排放相对较高，同样的污染去除率就意味着该城市的环境规制强度更强，因此相应地赋予更大的权重。

第三，根据工业二氧化硫去除率和工业烟（粉）尘去除率这两个单项指标的标准化值和调整系数，得到对应于城市 i 的环境规制综合指数 $ERS_i = 0.5 \times \sum_{j=1}^{2} A_{ij} pt_{ij}^{\,s}$。为了增加结论的稳健性，本章还参考张中元和赵国庆（2012）的做法，分别采用工业二氧化硫去除率（rpercent_s）和工业烟（粉）尘去除率（rpercent_d）作为环境规制程度的表征变量进行稳健性检验。

（三）控制变量

经济发展水平。我们采用人均 GDP 衡量经济发展水平。人均 GDP 与环境污染二者之间可能存在环境库兹涅茨曲线关系，即人均 GDP 的增加可能会提高环境污染，也可能会降低环境污染。出现前者的原因在于：粗放型的经济增长模式以牺牲环境为代价，使得经济发展水平与污染排放呈现正向关系。科尔等（Cole et al.，2011）在研究中国污染问题时就发现收入与空气、水污染排放呈现显著的正向关系。出现后者的原因在于：经济发展水平越高，污染排放对居民边际效用造成的损害越大，居民对环境质量的重视程度与主观评价越高，企业越有可能在环保型生产技术上进行研发投入，不断减少污染排放（包群等，2013）。

产业结构。一般来说，第二产业比重越高，环境污染排放也会越高（Castiglione et al.，2012；He and Wang，2012）。具体地，我们采用第二产业占地区生产总值的比重来衡量城市的产业结构。

贸易开放。研究发现，贸易开放对污染排放存在显著的影响（包群和彭水军，2006；Jalil and Mahmud，2009；彭水军和刘安平，2010；Ozturk and Acaravci，2013）。贸易开放既包括对外开放，又包括对内开放（庞智强，2008）。我们综合考虑这两个方面，参考沈国兵和张鑫（2015）的做法，采用城市实际利用外商直接投资占 GDP 总额的比重衡量对外开放程度；采用市场活跃度表征对内开放程度,市场活跃度由城市社会消费品零售总额除以 GDP 总额得到。

财政分权。研究发现,一个地区的环境污染排放与地方政府的财政分权程度也密不可分(Sigman,2009)。多数研究认为分权程度的提高会加剧环境污染,降低环境质量。其逻辑是,中国财政分权产生的"块状竞争"与政治集权产生的"条状竞争"相结合,使得地方政府官员通过放松环境监管吸引污染企业投资,导致环境污染加剧(王永钦等,2007;陶然等,2009;张克中等,2011)。关于如何衡量地方政府的财政分权程度,现有文献存在一定的争议。通常采用的指标有三种:收入指标、支出指标以及财政自主度指标(Akai and Sakata,2002;Qiao et al.,2008;陈硕和高琳,2012;徐永胜和乔宝云,2012)。虽然没有一个最优指标可以适用于所有时段,研究者需要根据研究样本涉及的具体时间段选择相应的指标,但相比之下财政自主度指标更能够刻画出地方政府对本辖区居民需求的回应能力(Boyne,1996),故我们采用财政自主度指标衡量各城市政府的财政分权度,具体采用城市本级预算内财政收入占本级预算内财政总支出的比重进行刻画。

除了上述四个主要的控制变量,本章还参考一些研究的做法(Jiang et al.,2014),控制人口密度、城镇登记失业率以及职工平均工资等变量。其中,人口密度为年末总人口与行政区域面积的比值,城镇登记失业率等于城镇登记失业人员占单位从业人员、私营和个体从业人员、城镇登记失业人员三项总和的比重。此外,识别环境规制与污染就近转移的因果关系,最大的挑战在于处理环境规制变量的内生性问题。为此,本章选取空气流通系数作为工具变量,关于工具变量选择和处理的过程见下文的内生性处理部分。

上述变量的数据主要来自《中国城市统计年鉴》(2005—2014 年)、公众环境研究中心的全国企业环境监管信息数据库和全国地区环境状况信息数据库。为消除通胀影响,本章均采用 GDP 指数对所有价格型指标进行平减处理,基期为 2004 年。与选用统一的 GDP 指数(张宇和蒋殿春,2014)或省级层面的 GDP 指数(王敏和黄滢,2015)对城市价格型指标进行平减不同,本章采用各年份各地级市对应的 GDP 指数对各个价格型指标进行针对性平减处理。这样处理可以使得各变量无论从时间维度还是空间维度来看均更具可比性。各地级市的 GDP 指数来源于《中国区域经济统计年鉴》(2005—2014 年)和《中国统计年鉴》(2005—2014 年)。① 实际利用外商直接投资经汇率调整为以人民币计价,汇率来自国家统计局网站。表 3-1 报告了主要变量的描述性统计结果。

表 3-1　主要变量的描述性统计

变量	中文名称	观测值	均值	标准差	最小值	最大值
p_total	污染排放总指数	2 821	1.000	1.229	0.002	35.308
ln firm	环境违规企业数(对数形式)	2 535	2.833	1.576	0	7.775
ERS	环境规制程度	2 722	1.115	1.503	0.001	42.480
rpercent_s	工业二氧化硫去除率	2 728	0.394	0.259	0.001	0.998
rpercent_d	工业烟(粉)尘去除率	2 781	0.913	0.158	0.008	0.999
ln pgdp	经济发展水平(对数形式)	2 842	9.392	0.627	4.051	12.002
struc	产业结构(%)	2 847	49.468	11.313	2.660	90.970
opene	对外开放程度	2 724	0.022	0.022	0.001	0.182
openi	对内开放程度	2 846	0.331	0.088	0.026	0.826
fiscal	财政分权度	2 850	0.491	0.231	0.026	1.541
ln pdensity	人口密度(对数形式)	2 850	5.715	0.911	1.548	7.887
unemp	城镇登记失业率	2 832	0.035	0.022	0.001	0.410
ln pwage	职工平均工资(对数形式)	2 833	9.532	0.261	8.666	11.814
ln VC	空气流通系数(对数形式)	2 850	6.810	0.582	4.817	8.301

第四节　环境治理引致污染就近转移:结果与分析

一、基准结果

表 3-2 报告了基准回归结果。在加入控制变量之前,我们先分别将被解

---

① 《中国区域经济统计年鉴》(2005—2014 年)缺失部分直辖市的 GDP 平减指数数据,我们根据《中国统计年鉴》(2005—2014 年)提供的相关数据进行了补充。

表 3 - 2　基准回归结果

变量	p_total					ln firm				
	(1)	(2)	(3)	(4)	(5)	(6)	(7)	(8)	(9)	(10)
ERS	0.393***		0.701***			-0.095**		-0.007		
	(0.130)		(0.099)			(0.038)		(0.015)		
WERS		0.482***	0.033				0.969***	-0.786***		
		(0.113)	(0.143)				(0.097)	(0.301)		
rpercent_s				-0.148					0.001	0.062
				(0.107)					(0.142)	(0.227)
Wrpercent_s				0.185					-1.540**	0.672
				(0.426)					(0.724)	(1.992)
rpercent_d					-2.239**					
					(1.053)					
Wrpercent_d					-2.260**					
					(0.996)					
控制变量	无	无	有	有	有	无	无	有	有	有
时间固定效应	无	无	有	有	有	无	无	有	有	有
城市固定效应	无	无	有	有	有	无	无	有	有	有
样本量	2 720	2 821	2 574	2 574	2 619	2 435	2 535	2 312	2 318	2 344
R^2	0.228	0.013	0.318	0.002	0.004	0.009	0.031	0.118	0.116	0.124

注:控制变量包括经济发展水平、产业结构、对外开放程度、对内开放程度、财政分权度、人口密度、城镇登记失业率以及在职工平均工资;
***、**、* 分别表示在 1%、5% 和 10% 的水平显著者;括号内是异方差稳健的标准误。

释变量对环境规制综合指数(ERS)及其空间滞后项($WERS$)进行回归。结果显示,当采用污染排放总指数(p_total)作为被解释变量时,环境规制对污染排放的影响显著为正。当采用环境违规企业的对数($\ln firm$)作为被解释变量时,环境规制对污染排放的影响为负,并且在加入空间滞后项及控制变量后,估计系数变得不再显著。对于环境规制空间滞后项而言,也出现了类似的情况,系数的估计结果并不稳健。进一步考察工业二氧化硫去除率和烟(粉)尘去除率对污染排放的影响后,发现结论依然不稳健。

导致环境规制及其空间滞后项对污染排放的估计结果不稳健,甚至出现一些反常结果(例如,环境规制的增强导致污染排放的增加)的可能原因是环境规制变量本身存在严重的内生性问题。如果在研究环境规制问题时不对内生性问题进行解决,很可能会得出完全错误的结论。环境规制的内生性问题来自三个方面:第一,虽然我们尽可能控制了可能同时影响环境规制和污染排放的变量,如贸易开放程度,但是仍然可能存在一些我们并未观察到,并且双向固定效应未能捕捉到的因素,从而导致遗漏变量问题。第二,正如上文所述,准确衡量地方政府的环境规制力度一直是研究环境规制问题时面临的主要挑战。迄今为止,文献采用的衡量指标或多或少均存在一定缺陷。尽管我们选择的环境规制指标已经尽可能避免了其中一些问题,但囿于数据限制,采用的环境规制指标事实上也难逃窠臼。具体来讲,采用污染物治理效果来估计环境规制程度并不能十分准确地刻画地方政府的环境规制程度。这是因为其也内含了技术进步等非环境规制因素,依然可能存在测量误差问题。第三,环境规制与污染排放二者之间存在明显的双向因果关系,即环境规制不仅会影响污染排放,污染排放反过来也可能会影响环境规制。例如,一个地区的污染排放越严重,这个地区的地方政府越有可能实施更加严格的环境规制政策,这可能是基准回归中环境规制对污染排放呈现正向影响的主要原因。

因此,下文的重点在于处理环境规制存在的内生性问题,并在尽可能解决内生性问题的基础上,进一步研究邻地环境规制与本地污染排放的关系,从而检验污染就近转移效应是否真实存在。

二、环境规制的内生性处理

为了解决环境规制的内生性问题,参考相关文献的做法(Broner et al.,2012;Hering and Poncet,2014),本章采用空气流通系数作为环境规制的工具变量。基于空气污染的标准盒模型可以推导出空气流通系数的计算公式,即空气流通系数等于风速乘以边界层高度。计算空气流通系数的数据来自欧洲中期天气预报中心的 ERA-Interim 数据库,该数据库提供了全球 $0.75° \times 0.75°$ 网格(大约 83 平方公里)的 10 米高度风速和边界层高度数据。我们根据经纬度将每个城市与距离其最近的网格进行了一对一匹配,二者距离的计算公式如下:

$$d = a \cos\left\{ \sin\left(\frac{lat_c}{180}\pi\right) \sin\left(\frac{lat_g}{180}\pi\right) + \cos\left(\frac{lat_c}{180}\pi\right) \cos\left(\frac{lat_g}{180}\pi\right) \cos\left[\left(\frac{long_g}{180}\pi\right) - \left(\frac{long_c}{180}\pi\right)\right] \right\} \times 6\,378.137$$

$$(3-14)$$

其中,lat_c 和 $long_c$ 分别表示城市的纬度和经度,lat_g 和 $long_g$ 分别表示网格的纬度和经度,6 378.137 为赤道半径,单位为千米。我们将每个城市与距离其最短的网格进行一对一匹配,与某城市距离最短的网格对应的空气流动系数即为该城市的空气流动系数。在实际匹配过程中,有 34 个网格同时匹配到两个城市,我们对同时匹配到同一个网格的两个城市进行了进一步的手工匹配。具体地,对于同时匹配到一个网格上的两个城市,借助 ArcGIS 比较这两个城市与相隔其距离第二短的网格的距离,找出其中相对小的,将该城市与相隔其距离第二短的网格进行匹配。由于数据库中每个网格的 10 米高度风速和边界层高度的数据都是分月数据,因此我们将 1—12 月的数据进行了平均,作为该年度的平均数据,这样处理可以平滑掉季节性的波动因素。

　　理论上认为,当空气污染排放相同时,空气流通系数低的城市倾向于采用更加严格的环境规制工具。虽然我们试图衡量城市整体性的环境规制程度,但是囿于数据限制,采用的环境规制变量实际上均与空气污染治理相关[①],因此可以相信我们采用的环境规制变量与空气流通系数存在相关性。我们对这两个变量的关系进行检验后发现确实如此:在控制污染物排放总指数(p_total)后,空气流通系数与环境规制综合指数呈现1%水平下的负向关系,相关系数为-0.311。除了满足相关性要求外,由于空气流通系数仅取决于区域性的气候条件,可以相信空气流通系数除了通过影响环境规制程度进而影响污染物排放外,与污染排放之间并不存在其他的作用机制,空气流通系数作为环境规制的工具变量也具备外生性。

　　表3-3报告了2SLS回归结果。我们在采用空气流通系数(取对数值)作为环境规制工具变量的同时,相应地也采用空气流通系数(取对数值)的空间滞后项为环境规制空间滞后项的工具变量。在假设工具变量有效的前提下,我们进行了异方差稳健的DWH检验,发现环境规制确实存在内生性。但在假设环境规制的空间滞后项为外生变量的前提下,在加入控制变量后,DWH检验的p值大于0.1(当采用 ERS 为解释变量时,无论被解释变量是 p_total 还是 ln $firm$,该结果均成立),因此可以认为环境规制的空间滞后项为外生变量。这一情况与维格和埃洛斯特(Vega and Elhorst,2015)的研究类似。他们在研究本地香烟价格与邻近地区香烟价格对本地香烟销量的影响时,就发现本地价格存在内生性问题,而邻地价格不存在内生性问题。由此可见,在本章的研究中,环境规制变量的内生性问题主要源于反向因果关系或遗漏变量偏误,而不是变量的测量误差。

---

① 尽管如此,由于企业在生产过程中很多情况下空气污染物是与其他污染物共同产生的,因此本章构建的环境规制变量仍然能在一定程度上刻画整体性的环境规制程度。

表 3－3　工具变量回归估计结果

	p_total	p_total	ln firm	ln firm	p_total	p_total	p_total
	(1)	(2)	(3)	(4)	(5)	(6)	(7)
ERS	−0.362**	−0.778*	−1.312***	−0.689		−0.876*	−0.647*
	(0.175)	(0.458)	(0.283)	(0.530)		(0.532)	(0.390)
WERS	0.674***	1.139**	1.833***	1.498***		1.314**	1.004***
	(0.158)	(0.455)	(0.255)	(0.517)		(0.556)	(0.359)
rpercent_d					−7.901***		
					(3.018)		
Wrpercent_d					0.444**		
					(0.194)		
第一阶段回归结果							
ln VC	−0.234***	0.145***	−0.293***	0.124**	0.017***	0.131***	0.158***
	(0.045)	(0.045)	(0.051)	(0.051)	(0.005)	(0.045)	(0.045)
F 检验	23.51***	31.76***	24.84***	28.42***	26.46***	30.28***	33.41***
P 值	0.000	0.000	0.000	0.000	0.000	0.000	0.000
控制变量	无	有	无	有	有	有	有
样本量	2 720	2 574	2 435	2 312	2 619	2 574	2 574

注:回归中包含了常数项、时间和地区固定效应,控制变量包括经济发展水平、产业结构、对外开放程度、对内开放程度、财政分权度、人口密度、城镇登记失业率以及职工平均工资;＊＊＊、＊＊、＊分别表示在 1%、5% 和 10% 的水平显著;括号内是异方差稳健的标准误。

从表 3－3 第(1)、(2)列可以看出,2SLS 第一阶段回归的 F 值均大于 10 且通过了 1% 水平的显著性检验,说明空气流通系数不存在弱工具变量问题。2SLS 第二阶段的估计结果显示,本地环境规制对本地污染排放呈现显著的负向影响,通过了 10% 水平的显著性检验。具体而言,在控制了相关变量后,当本地环境规制水平提高一个单位,本地的污染排放将降低 0.778 个单位,说明本地环境规制水平提升确实能够降低污染排放。这一结果验证了前文基于理论模型提出的命题 1。同时,其他地区环境规制对本地污染排放呈现显著的正向影响,通过了 5% 水平的显著性检验。具体而言,在控制了相关变量后,当其他地区环境规制水平提高一个单位时,本地污染排放将上升 1.139 个单位。这一结果验证了前文命题 2 和 3 提出的"污染就近转移效应",包含两层内涵:一方面,当其他地区的环境规制水平提高时,本地环境规制水平相对其他地区的环境规制水平降低,从而吸引污染产业转移到本地,造成污染排放增加,即环境规制的确引发了污染转移效应。另一方面,距离更为邻近的地区在搬迁成本、配套成本、市场潜能等方面更有优势,在空间权重中的比重更大,对本地污染排放的正向影响相对距离较远的地方更大,即污染转移效应具有就近性特征。

为了进一步验证上述结果,我们做了如下三个方面的稳健性检验。

第一,采用环境违规企业数的对数值作为被解释变量,结果见表 3－3 列(3)和(4)。可以发现在未加入控制变量的情况下,环境规制及其空间滞后项对污染排放分别存在负向(－1.312)和正向(1.833)影响效应,且均通过 1% 水平的显著性检验;在加入控制变量以后,邻近地区环境规制对本地污染排放的正向影响仍然通过 1% 水平的检验,并且估计系数(1.498)与 1.139 非常接近。此时,虽然本地环境规制的估计系数并未通过显著性检验,但仍然表现为负向影响。此时本地环境规制并未对本地污染排放呈现统计意义上的负向影响,可能的原因是:当一个地区的环境规制水平提高之后,虽然会通过提高重污染行业的门槛促进产业结构去污染化,短期内降低污染排放水平,但是如果提升的环境规制强度并未能够促进企业普遍性采用更加先进的污染治理技术,其对污染排放的长期影响可能并不够理想。也正是因为如此,已有文献的研究表明提高环境规制水平以激励企业采取先进的污染减排技术对于长期污染治理而言更加有效(张宇和蒋殿春,2014)。

第二,通过变换环境规制的代理变量进行稳健性检验,结果见表 3－3 列(5)。可以发现当采用工业烟(粉)尘去除率表征地方政府的环境规制程度时,上述结果依然成立。当采用工业二氧化硫去除率表征地方政府的环境规制程度时,本地环境规制与邻地环境规制对本地污染排放依然分别存在负向和正向影响效应,但未通过显著性检验。考虑到我国政府 1998 年以来就开始在全国大多城市实施控制酸雨和二氧化硫的两控区政策且实施两控区政策的城市在空间上呈现区域集聚特征(Hering and Poncet, 2014),用二氧化硫去除率表征的环境规制并未在这些城市之间引发污染转移效应在情理之中。

第三,选取不同形式的空间权重矩阵进行稳健性检验。尽管设定基于地理距离倒数的空间权重矩阵符合给更近的观察值赋予更大权重的一般性原则[1],并且这一做法在现有文献中得到广泛应用(Neumayer and Plümper, 2012)。但是,关于空间单元关联程度随地理距离增加衰减的程度设定仍然存在主观性,需要采用不同形式的地理距离权重矩阵进行稳健性检验。具体地,我们选择两种空间权重矩阵,空间单元的权重分别表示为 $1/(1 + d/100)$,$1/(1 + d/100)^2$,其中 d 为城市之间的地理距离(以千米为单位),相同城市的距离设定为 0,均采用最大特征值进行标准化处理。结果见表 3 - 3 列(6)和(7),可以发现结果非常稳健。

三、排除随机因素的安慰剂检验

我们采用两个安慰剂检验进一步验证前文结论。第一,构建一个随机的空间权重矩阵(同样采用最大特征值进行标准化处理)。如果污染就近转移效应真的存在,在使用随机生成的空间权重矩阵时,可以预期环境规制的空间滞后项不应该对污染排放产生显著的影响。如果存在显著影响,则说明前文观察到的污染就近转移效应并非距离更近地区的环境规制对本地污染排放产生的影响。第二,环境规制引致污染转移效应的具体机制是制造业跨区域转移。可以预期,邻近地区的环境规制并不会对本地生活源污染排放产生显著的正向影响。如果检验发现显著的影响,则说明可能是未观察因素使得环境规制的空间滞后项对污染排放产生影响,而不是污染就近转移效应在起作用。

表 3 - 4 报告了安慰剂检验的结果。其中,列(1)是基于随机空间权重矩阵的估计结果,列(2)—(8)分别是以各城市生活污水排放量($lwater$)、生活污水中

---

[1] 给更近的观察值赋予更大权重的想法起初来源于地理学第一定律,也有研究证实空间权重矩阵中两个单元的关联随着地理距离的增加向 0 收敛(Liu and Lee, 2013; Drukker et al., 2013)。

表3-4 安慰剂估计结果

	p_total (1)	ln lwater (2)	ln lCOD (3)	ln lAN (4)	ln lSO$_2$ (5)	ln ldust (6)	ln lNO (7)	ln lgarb (8)
ERS	-2.603	-3.083	-5.595	-7.773	9.791	-1.090	4.230	-0.538
	(2.639)	(6.061)	(15.612)	(47.757)	(49.096)	(6.844)	(10.155)	(0.831)
WERS	1.556	3.531	5.828	8.298	-8.773	2.759	-4.607	0.779
	(2.230)	(6.270)	(16.104)	(48.873)	(50.224)	(7.025)	(11.080)	(1.016)
第一阶段回归结果								
ln VC	0.058	0.041	0.029	0.014	-0.016	-0.020	0.042	0.123
	(0.048)	(0.077)	(0.081)	(0.084)	(0.081)	(0.081)	(0.098)	(0.136)
F检验	30.79***	16.01***	14.91***	13.35***	16.18***	16.06***	10.77***	10.88***
P值	0.000	0.000	0.000	0.000	0.000	0.000	0.000	0.000
控制变量	有	有	有	有	有	有	有	有
样本量	2574	1201	1144	1078	1124	1117	843	577

注:控制变量包括经济发展水平、产业结构、对外开放程度、对内开放程度、财政分权度、人口密度、城镇登记失业率以及职工平均工资;***、**、*分别表示在1%、5%和10%的水平显著;括号内是异方差稳健的标准误。

的化学需氧量($lCOD$)、生活污水中的氨氮量(lAN)、生活及其他来源产生的二氧化硫(lSO_2)、生活及其他来源产生的烟尘($ldust$)、生活及其他来源产生的氮氧化物(lNO)以及城市生活垃圾产生量($lgarb$)的对数值作为被解释变量的估计结果。可以发现,安慰剂检验结果均支持环境规制引发的污染就近转移效应,并非未观察因素或人为控制因素产生了上述实证结果。

第五节　污染就近转移的拓展讨论

一、污染就近转移的局域空间特征

在全国范围内验证了城市间存在环境规制引发的污染就近转移效应后,本章更为关心的是污染就近转移效应的具体空间特征:第一,平均来看,环境规制引发的污染就近转移效应随地理范围的增加如何衰减?第二,是否存在污染就近转移效应的极点?为回答这两个问题,我们基于地理距离倒数的空间权重矩阵,通过设定不同阈值来研究特定地理范围内的污染就近转移效应。具体地,从 50 千米的地理阈值开始,每次增加 50 千米作为地理阈值,采用 2SLS 模型进行工具变量回归,图 3-3 报告了邻近地区环境规制的系数估计结果。

可以发现,污染就近转移效应随地理距离增加呈现先增加后降低的倒 U 形曲线,峰值点在 150 千米处。当阈值为 100 千米时,系数估计结果为 1.220;当阈值为 150 千米时,系数估计结果上升至 1.442;此后随着阈值逐步扩大,系数估计结果保持稳定的下降趋势,且当阈值为 1 000 千米时,系数估计结果下降至 0.806,为峰值处就近转移效应的 56% 左右。

在 150 千米范围内,污染就近转移效应增加的原因可能是:其一,出于规避扩散性污染物的考虑,污染产业迁出地政府对污染企业具有搬迁距离的最低要求,特别近距离的污染转移较少。其二,过于邻近的地区的环境规制较为类似,挤压了污染企业通过地区转移降低环境治理成本的空间。在 150 千米范围外,随着地理距离增加,配套成本和迁移成本不断增加,污染就近转移效应因而呈

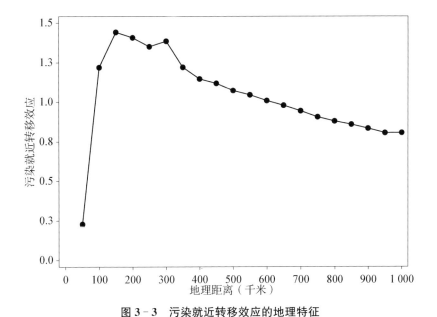

图 3 - 3　污染就近转移效应的地理特征

现持续下降趋势。总而言之,在 150 千米左右,污染就近转移效应达到峰值。这一结果说明从全国整体来看,当一个城市加大环境规制力度时,引致的污染就近转移效应更多体现在其周边城市而非更远的城市。

二、污染就近转移的时间变化特征

本章关注的另一个重要问题是:随着时间的推移,环境规制引发的污染就近转移效应如何变化? 本章在工具变量回归中引入环境规制空间滞后项与年份哑变量的交叉项,对污染就近转移效应在样本期间的变化趋势进行检验。估计结果如图 3 - 4 所示。

从全样本的回归结果来看,污染就近转移效应在各个年份均显著存在。但是随着时间的推移,污染就近转移效应整体上呈现下降趋势而非上升趋势,这可能缘于落后地区经济的发展。当落后地区的经济不断发展以后,污染的代价在提高,对承接污染尤其是重污染产业的需求也在降低。比如,2014 年两会期

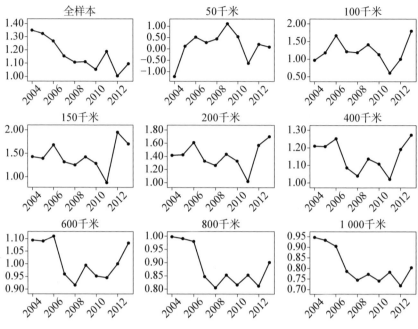

图 3 - 4　污染就近转移效应的时间特征

间,河北省环保厅长就表示今后不会再承接一家污染企业。[1] 但需要指出,即使 2012 年污染就近转移效应的整体估计系数达到最小值(1.005),与 2004 年最高的 1.351 相比也未下降多少,说明污染就近转移效应仍然不可忽视。

考虑不同地理范围内的样本,发现与基于全样本得出的结果不同的是,当地理阈值在 100~400 千米时,随着时间的推移,污染就近转移效应整体呈现上升而非下降趋势,说明污染转移效应随着时间推移呈现出更加明显的就近特征。由此可见,随着时间推移,环境规制引发的污染就近转移问题并未得到缓解,甚至更加严重。

三、污染就近转移产生的内在机制

在验证了我国城市间邻近城市环境规制与本地污染排放存在因果关系,并

---

[1]　见《河北省环保厅长:污染企业我们一家也不承接》,http://politics.people.com.cn/n/2015/0305/c1001-26638650.html。

且距离越近的城市这种因果关系越强后,我们更为关心的问题是:邻近城市环境规制通过什么传导机制影响本地污染排放?

根据安特维勒等(Antweiler et al., 2001)构建的 ACT 环境污染模型[①],经济规模效应和产业结构效应均会影响污染排放。问题是:当邻近城市提升环境规制水平后,是仅转移出与迁入地污染结构类似的产业,还是转移出相比迁入地产业结构污染程度更高的产业?换言之,污染迁入地污染密集型产业呈现绝对量的变化(规模效应)还是进一步表现为相对量的变化(结构效应)?可以预期,如果邻近城市环境规制的提升并未改变本地产业的整体污染程度,说明环境规制引发污染就近转移效应的机制仅仅是规模效应。如果邻近城市环境规制的提升加剧本地产业的整体污染程度,说明坏境规制引发污染就近转移效应的机制不仅仅是规模效应,更是结构效应,即存在整体性"以邻为壑"式的产业转移现象。[②]

为了验证邻近城市环境规制对本地产业结构污染化的影响,参考范剑勇等(2014)衡量产业集聚选用的指标,本章分别采用污染密集型产业的企业产品销售额、企业个数和就业总人数占本城市所有企业产品销售额、企业个数和就业总人数的比重来衡量本城市污染密集型产业的专业化绝对水平。国务院 2006 年公布的《第一次全国污染源普查方案》明确规定了我国 11 个重污染行业:造纸及纸制品业(22),农副食品加工业(13),化学原料及化学制品制造业(26),纺织业(17),黑色金属冶炼及压延加工业(32),食品制造业(14),电力、热力的生产和供应业(44),皮革、毛皮、羽毛(绒)及其制品业(19),石油加工、炼焦及核燃料加工业(25),非金属矿物制品业(31),有色金属冶炼及压延加工业(33)。我们选取这 11 个行业作为污染密集型产业计算城市产业结构的污染程度,这 11

---

① 关于 ACT 模型简单的介绍请参考林伯强和邹楚沅(2014)。
② 如果转移到迁入地的产业与迁入地原有产业的污染密度相当,并不能称为"以邻为壑"式产业转移,因为这并未增加迁入地的单位污染强度。如果增加了迁入地的单位污染强度,则为"以邻为壑"式的产业转移。

个行业占全部两位数工业行业(38 个)的 28.95%。

计算污染密集型产业专业化绝对水平的数据来自 2004—2011 年国有企业及非国有企业规模以上(销售额在 500 万元以上)工业企业数据库。由于工业企业数据库存在一些指标异常、样本芜杂的观测值,因此在计算相关指标之前,首先结合研究需要,参考谢千里等(2008)、余淼杰(2010)及王杰和刘斌(2014)的方法对工业企业数据库进行筛选处理。主要包括:(1)删除企业资产总额、产品销售额、固定资产净值年平均余额、固定资产、流动资产、实收资本以及国家资本为零值、负值或者缺失的样本;(2)删除工业增加值与销售额的比率小于 0 或者大于 1 的样本(2004 年缺少工业增加值的数据,这里仅针对 2005—2007 年的样本);(3)删除就业人数少于 8 人或缺失的样本;(4)删除不符合会计原则的样本,包括总资产小于流动资产、总资产小于固定资产净值年平均余额以及累计折旧小于本年折旧的样本。产品销售额以 2004 年为基期采用各城市的 GDP 指数进行了平减处理。

表 3-5 报告了机制讨论的实证结果。与上文相同,同样采用空气流通系数作为环境规制的工具变量,应用 2SLS 模型对邻地环境规制可能产生的产业结构污染化效应进行验证,结果见列(1)—(3)。可以发现,在加入一系列控制变量后,本地环境规制有助于推动本地产业结构的"清洁化",降低本地的污染排放。邻地环境规制显著加剧了本地产业结构的"污染化",说明邻地的环境规制不仅通过提升本地的产业规模加剧本地的污染,而且通过改变本地产业结构的污染程度加剧本地的污染。与前者相比,后一影响更加深入。无论采用产品销售额、就业人数还是企业数量衡量污染密集型产业的占比,这一结论都十分稳健。

为了进一步验证产业结构的污染化是邻地环境规制影响本地污染排放的具体机制,我们继续采用 2SLS 模型将污染排放对环境规制和产业污染结构进行回归,结果见列(4)—(7)。可以发现:第一,在控制了城市污染密集型产业占比之后,本地环境规制对污染排放的负向影响不再显著。无论是控制污染密集

表 3 - 5　污染就近转移效应的机制讨论

	p_revenue	p_employ	p_number	p_total	p_total	p_total	p_total	p_total
	(1)	(2)	(3)	(4)	(5)	(6)	(7)	(8)
ERS	-0.268**	-0.375***	-0.236***	-0.488	-0.584	-0.587	-0.707	-0.482
	(0.107)	(0.132)	(0.088)	(0.346)	(0.448)	(0.433)	(0.546)	(0.372)
WERS	0.241***	0.295***	0.161*	0.803**	0.905**	0.922**	0.952**	0.826**
	(0.093)	(0.115)	(0.075)	(0.311)	(0.399)	(0.388)	(0.450)	(0.337)
p_revenue				0.893***			2.095*	
				(0.268)			(1.101)	
p_employ					0.379*		-1.762	
					(0.206)		(1.138)	
p_number						0.589**	0.500	
						(0.283)	(0.395)	
p_compo								0.075***
								(0.022)
				第一阶段回归结果				
ln VC	0.159***	0.159***	0.159***	0.196***	0.162***	0.168***	0.141***	0.185***
	(0.054)	(0.054)	(0.054)	(0.055)	(0.055)	(0.055)	(0.053)	(0.055)
F检验	37.07***	37.07***	37.07***	37.02***	33.37***	33.50***	35.01***	34.14***
P值	0.000	0.000	0.000	0.000	0.000	0.000	0.000	0.000
R^2	0.168	0.168	0.168	0.180	0.167	0.168	0.199	0.170

续 表

第一阶段回归结果

	p_revenue (1)	p_employ (2)	p_number (3)	p_total (4)	p_total (5)	p_total (6)	p_total (7)	p_total (8)
控制变量	有	有	有	有	有	有	有	有
样本量	2 033	2 033	2 033	2 032	2 032	2 032	2 032	2 032

注：控制变量包括经济发展水平、产业结构、对外开放程度、对内开放程度、人口密度、财政分权度、城镇登记失业率以及职工平均工资；p_revenue、p_employ、p_number 分别表示用企业产品销售额、就业总人数和企业个数来衡量的产业结构的产业结构；p_compo 是根据 p_revenue、p_employ、p_number 三个指标提取的第一主成分；***、**、* 分别表示在 1%、5% 和 10% 的水平显著；括号内是异方差稳健的标准误。

型产业销售额占比、就业人数占比还是企业个数占比,这一结果均十分稳健。由此可见,我国城市目前降低污染排放的手段仍然停留在简单的产业结构"去污染化"层次,而非在既定产业结构不变的情况下,通过生产工艺技术或污染治理技术降低污染排放。第二,在控制了城市污染密集型产业占比之后,邻地环境规制对污染排放的正向效应较基准回归有所降低,并且污染密集型产业的销售额占比、就业人数占比以及企业个数占比分别对污染排放存在显著的正向影响。这一结果说明邻近城市的环境规制确实通过加剧本地产业结构的污染程度提升了本地的污染排放水平。在同时控制衡量污染密集型产业占比的三个指标之后,上述结论仍然稳健。尽管污染密集型产业的就业人数和企业个数占比的估计系数并未通过显著性检验,但是产品销售额占比的估计系数仍然显著为正。

为了进一步加强上述结论的稳健性,我们通过提取衡量污染密集型产业占比的三个指标的第一主成分构建了一个综合性的产业污染结构指标(p_compo),同样采用 2SLS 模型进行回归分析,结果见列(8)。可以发现上述结论仍然稳健。

在验证了环境规制引发污染就近转移效应的具体机制是产业结构的污染化而非简单的规模效应后,考虑到我国地区间差异明显,各个城市所处发展阶段和产业结构各不相同,本章进一步研究产业结构污染化机制的空间差异性。参考相关研究的做法(Milani,2017;Wu et al.,2017),考虑影响产业结构污染化机制的两个主要因素。

一是迁移成本。就污染密集型产业迁出地而言,当环境规制提升以后,污染密集型企业存在两种选择:一种是就地创新,另一种是进行搬迁。即使同属污染密集型,产业本身也存在其他维度的异质性,例如有些产业本身就容易流动,而有些产业本身就不太容易迁移。我们采用污染密集型企业固定资产占全部资产的份额($immobility$)来表征其资本的专用性和沉积性。可以预期,如果一个城市污染密集型产业的固定资产占比更大,则环境规制引发的污染转移效

49

应更易受到削弱。

二是企业所有权。在受到环境规制约束后,企业的所有权性质是影响企业选址的重要因素。例如,吴浩怡等(Wu et al.,2017)发现当"十一五"减排规划颁布以后,首当其冲的是外资企业。国有企业只是在2007年减排要求进一步提高以后才开始倾向于在西部地区选址。我们采用污染密集型企业实收资本中国家资本的占比来衡量其所有权性质(*state*)。可以预期的是,如果一个城市污染密集型产业中国有资本占比更大,环境规制引发的污染就近转移效应就更易受到影响。计算固定资产占比和国有资本占比的数据均来自工业企业数据库(2004—2011年),其中国有资本缺少2008和2009年的数据。

表3-6报告了产业结构污染化机制的异质性回归结果。从列(1)—(2)可以看出,环境规制空间滞后项的估计系数显著为正。在未加入控制变量时,*WERS×Wimmobility*的估计系数显著为负,加入控制变量后,这一负向效应保持不变。由此可见,邻近城市污染密集型产业的固定资本占比越高,产业结构的污染化效应会受到掣肘。这一结果与米拉尼(Milani,2017)的结论类似,说明流动性差的污染密集型行业对本地环境成本的增加相对不敏感(Ederington et al.,2005)。从列(3)—(4)可以看出,环境规制空间滞后项的估计系数同样显著为正,但是无论是否加入控制变量,*WERS×Wstate*的估计系数均未通过至少10%水平的显著性检验。这一结果说明邻近城市污染密集型产业的国有资本占比并不会显著影响产业结构污染化效应。导致这一结果的可能原因是:虽然国有企业在污染排放方面与地方政府有更多的议价能力,但是随着中央政府对环境保护日益重视,积极承担社会责任的国有企业往往成为地方政府实施产业结构去污化的"排头兵"。例如,在北京奥运会举办前,很多大型国有炼钢厂把生产环节迁移出了北京。

表 3-6　产业结构污染化机制的异质性讨论

	p_total			
	（1）	（2）	（3）	（4）
ERS	−0.460*	−0.876	−0.413	−1.059
	(0.247)	(0.587)	(0.274)	(0.957)
WERS	1.652***	1.974**	1.009***	1.470**
	(0.352)	(0.801)	(0.266)	(0.611)
Wimmobility	0.907***	0.722*		
	(0.308)	(0.398)		
WERS×Wimmobility	−1.501***	−1.323**		
	(0.406)	(0.601)		
Wstate			1.010	0.372
			(1.211)	(2.350)
WERS×Wstate			−1.188	−0.489
			(1.176)	(2.142)
第一阶段回归结果				
ln VC	−0.201***	0.147***	−0.216***	0.126*
	(0.049)	(0.056)	(0.059)	(0.070)
F检验	21.11***	33.45***	9.91***	23.80***
P值	0.000	0.000	0.000	0.000
控制变量	无	有	无	有
样本量	2175	2060	1635	1555

注：控制变量包括经济发展水平、产业结构、对外开放程度、对内开放程度、财政分权度、人口密度、城镇登记失业率以及职工平均工资；***、**、*分别表示在1%、5%和10%的水平显著；括号内是异方差稳健的标准误。

第六节　小结：地方环境治理亟需协同联动

在中国经济高速增长的过程中，资源环境约束趋紧、环境污染问题突出的现象一直未能得到根本性解决。长期依赖粗放式的经济增长模式遗留了积重难返的污染存量问题，环境治理难以在短期内取得立竿见影的效果固然是主因，但另一个不容忽视的因素是，地方政府为了最大化自身利益选择差异化环境规制程度,使得污染企业选择迁移至邻近环境规制力度较低的地区。对于单个污染企业而言,这样的选择往往是最优的:既能降低污染治理成本,又能获得原有的产业集聚效应和市场效应。但对于整体性环境治理而言,地方差异性环境规制引发的污染就近转移效应无疑是糟糕的。污染就近转移既不能发挥污染治理的规模效应,又不能根本性缓解区域性污染集中排放对局部地区环境承载力造成的威胁。

本章采用空间自滞后模型对邻近城市环境规制程度与本地污染排放的因果关系进行了检验。主要发现:地方差异性环境规制引发了污染就近转移效应。具体表现为,当其他地区环境规制水平提高 1 个单位时,本地污染排放上升 1.139 个单位。愈是邻近的城市,相应的污染转移效应也愈大。在全国层面,污染就近转移效应主要体现在约 150 千米范围的周边城市。随着时间推移,污染转移的就近特征在增强而非减弱。污染转移不仅增加了污染迁入地的污染产业规模,还改变了污染迁入地的产业污染结构。迁出地污染密集型产业固定资产的增加有助于遏制污染转移效应,但企业的国有产权性质并未显著影响污染转移效应的大小。

上述研究结论的启示在于,为了提升中国环境治理的效能,打破地方政府各自为政治理环境的激励,推动邻近地方政府之间就环境治理达成协同联动尤为关键。只有通过地区间的协同联动遏制污染企业选择就近转移进而降低污染治理成本的空间,才能真正倒逼这些企业降低污染排放。具体需要做到以下两个方面。

一方面,中央政府需要加强对地方政府的环境约束,真正改变长期以来GDP 至上的激励。地区间经济发展的差异性,决定了中央政府对各地区的环境约束要求不一符合客观现实。中央政府需要激励邻近的地方政府之间就环境治理目标达成协同联动的共识。尤其避免处于经济洼地的地方政府过多考虑局部和短期利益,通过降低环境政策执行力度竞争流动性资源,引发污染就近转移现象。中央政府还需要协调邻近地区的环境治理机制,针对相邻地区的环境治理制定针对性的考核目标,同时加大行政边界附近地区环境治理的监管力度和惩罚力度。

另一方面,中央政府需要调整现行的城市发展政策,构建功能齐全、分工明确的城市群发展规划。导致城市环境规制程度产生差异并进而引发污染就近转移的原因还在于当前我国各个城市的同质化发展思路。地方政府面临单一的 GDP 增长激励,无论城市发展基础和人才储备等禀赋如何,每一个城市都在为增长而竞争,对于环境禀赋的认识明显不足。因此需要进一步优化城市群的发展秩序与经济结构,实现城市群内部空间的规模报酬最大化和专业分工最优化,尊重市场规律对产业布局的影响。对于处在城市群外围的中小城市而言,需要在市场经济的思维下改变自身功能定位,避免加入无序的资本竞争行列,成为大城市的污染避难所。

第四章　地方非对称环境治理与生产率增长

第一节　引言

上一章研究指出我国地方政府的环境治理水平不一,由此产生的地区间环境治理差异导致了污染就近转移。这是从静态视角对我国地方政府环境治理展开的研究,如果将静态视角转向动态视角,则可以进一步揭示决定地方政府环境治理水平背后的策略性行为,更为深入地理解地方政府环境治理低效的内在逻辑。问题是,我国地方政府环境治理的策略性行为具体表现为什么形式? 其产生的经济效应是什么? 这些正是本章试图回答的问题。

现有研究在刻画我国地方政府环境治理的策略性行为时基本均将其描述成地方政府出于竞争流动性生产要素的动机,在执行环境政策时呈现竞相放松环境规制的逐底竞赛(张华,2016)。这一描述意味着不同地区的环境治理策略性行为是步调一致的。但对于我国而言,地区间存在显著的差异性、多样性和不平衡性,各个地区的环境治理策略性行为理应各不相同而不是趋向一致。尤其随着中央政府对环境绩效的考核日益严厉,地方政府环境规制非完全执行真的存在普遍性吗?

我们认为,如果简单地将环境规制非完全执行的普遍性作为先验结论,不仅失之偏颇,也与现实情况相悖。本章构建了两个衡量地市级政府环境规制执行强度的指标(详见下文),发现近年来全国平均环境规制执行强度总体上呈现上升趋势(见图 4-1)。如果环境规制非完全执行普遍性存在的话,何以解释这样的特征事实? 并且,如果地方政府一致地参与环境规制执行的逐底竞赛,何以解释地区间环境规制执行水平总体上趋异的特征事实(见图 4-2)?

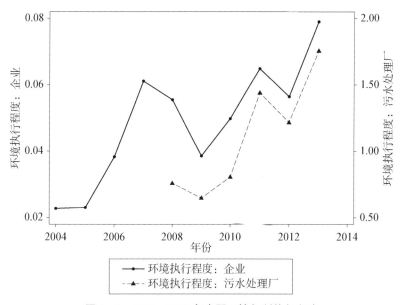

图 4-1   2004—2013 年中国环境规制执行程度

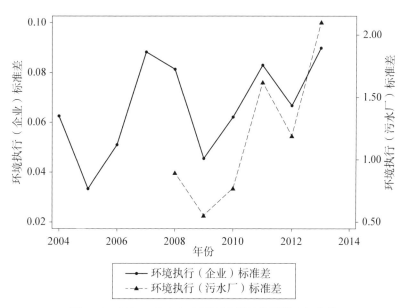

图 4-2   2004—2013 年中国环境规制执行程度标准差

　　况且,即使地方政府参与资源竞争的激励没有发生变化,也不一定都会参与环境规制执行的逐底竞赛。尤其是部分先发地区在经历长期高速的经济增长后已经进入产业结构的服务化阶段,这些地区倾向于提升环境规制强度以吸引偏好清洁环境的流动性生产要素(如高级人才)。对于这些地区而言,更优的选择是参与环境规制执行的竞相向上而不是逐底竞赛。基于此,本章首先试图检验我国地方政府在执行环境规制时是否同时存在逐底竞赛和竞相向上式互动。如果从动态角度来看,地方政府之间的环境规制执行互动真的同时存在逐底竞赛和竞相向上两种形式,就会使得地方政府间的环境规制力度差异不断加大。根据上一章的研究结论,地区间环境规制力度差异的持续加大将会不断引发污染企业的跨地迁移,进而显著减弱地方政府污染治理的效果。

　　除此之外,本章认为地区间环境规制执行程度趋异还可能会通过影响"波特假说"成立的微观机理,削弱环境规制的经济增长效应。早期研究大多认为环境规制会挤压企业原本用于创新的投入,降低企业乃至国家的竞争力。但是,波特和范德林德(Porter and van der Linde,1995)提出的"波特假说"用德国等国家的例子表明环境规制与经济增长可以兼得。只要环境规制适宜,激发出来的创新补偿效应就能弥补遵循成本,进而有利于技术创新并促进经济长期增长。事实上,无论是早期研究还是后来基于"波特假说"的观点,均忽视了企业在决定是否就地创新之外,还存在第三种选择,即通过跨地迁移降低环境治理成本。如果地方政府间确实同时存在环境规制执行的逐底竞赛和竞相向上式互动,那么随着地区间环境规制执行水平趋异,可能会诱使更多的污染密集企业为了降低环境治理成本而选择跨地迁移,破坏环境规制对技术创新的倒逼机制,拖累城市生产率增长。基于此,本章还试图检验地区间背道而驰的环境规制竞争是否引致了污染企业跨地迁移,进而影响了城市的生产率增长。

第二节　环境治理影响生产率的空间模型

本章首先基于空间均衡模型推导出实证方程的设定。与传统空间均衡模型(Glaeser et al., 1995; Glaeser and Gottlieb, 2009)不同,我们首先参考埃尔图尔和科赫(Ertur and Koch, 2007)的设定,将产品部门的生产率进行内生化处理;其次参考布吕克纳(Brueckner, 2003)关于地方政府政策交互模型的设定,考虑环境规制的溢出效应。假定共有 N 个城市,用下标 i 表示城市,用下标 t 表示年份。经济体中包括三类决策者:生产者、消费者和房地产开发者。假设劳动力和资本可以在城市间自由流动。

一、生产者决策

生产函数采用柯布-道格拉斯函数形式,包括全要素生产率(A)、劳动力(L)、可流动资本(K)及不可流动资本(Z)。假定 Z 外生给定,各投入要素规模报酬不变,即:

$$Y_{it} = A_{it}\bar{Z}_i^{\alpha\gamma}K_{it}^{\alpha(1-\gamma)}L_{it}^{1-\alpha} \qquad (4-1)$$

其中,γ 表示不可流动资本在总资本中的份额,$0 < \gamma < 1$;α 表示资本的产出份额,$0 < \alpha < 1$。将全要素生产率 A 进行内生化处理,遵循琼斯(Jones, 1995)的做法,假定所有知识均嵌入资本中。不过不同于琼斯(Jones, 1995),这里我们假定知识嵌入资本存量而非人均资本存量中。即:

$$A_{it} = \Omega_t K_{it}^{\phi} \qquad (4-2)$$

其中,$\Omega_t = \Omega(0)e^{\mu t}$ 表示所有城市共同具有的技术进步项,ϕ 表示本地资本积累的外部性程度,且 $0 \leqslant \phi < 1$。企业根据边际产出对投入要素进行定价,其中资本价格被标准化为 1,由此得到资本和劳动力的需求函数:

$$\Omega_t \bar{Z}_i^{\alpha\gamma}[\phi + \alpha(1-\gamma)]L_{it}^{1-\alpha}K_{it}^{\phi+\alpha(1-\gamma)-1} = 1 \qquad (4-3)$$

$$\Omega_t \bar{Z}_i^{\alpha\gamma}(1-\alpha)L_{it}^{-\alpha}K_{it}^{\phi+\alpha(1-\gamma)} = W_{it} \qquad (4-4)$$

其中,资本的价格单位化为1,劳动力的工资为 W_{it}。求解式(4-3)和(4-4)可得:

$$W_{it} = (1-\alpha)\Omega_t^{\frac{1}{1-\upsilon}}\bar{Z}_i^{\frac{\alpha\gamma}{1-\upsilon}}\upsilon^{\frac{\upsilon}{1-\upsilon}}L_{it}^{\frac{1-\alpha}{1-\upsilon}} \qquad (4-5)$$

其中, $\upsilon = \phi + \alpha(1-\gamma)$。

二、消费者决策

假定城市中的消费者充分就业,消费者的效用主要来自除住房以外的消费和住房消费。同时,本地和邻地环境治理公共品的供给同样会显著影响消费者的效用。代表性消费者的效用函数为:

$$U_{it} = C_{it}^{1-\beta}H_{it}^{\beta}E_{it}\prod_{j\neq i}^{N}E_{jt}^{\rho\omega_{ij}} \qquad (4-6)$$

代表性消费者的预算约束为:

$$C_{it} + p_{Hit}H_{it} = W_{it} \qquad (4-7)$$

其中, p_{Hit} 表示房价, C_{it} 表示商品(特指可贸易品)消费量, H_{it} 表示住房消费量。 E_{it} 表示本地环境规制, E_{jt} 表示其他城市环境规制。环境规制的溢出效应包括两方面内涵:(1)环境公共产品的溢出效应,即其他城市尤其邻近城市的环境规制会影响其自身的环境公共产品供给,而环境公共产品存在纯外部性,会使得环境规制存在溢出效应。(2)地方政府之间为竞争流动性资源形成环境规制的交互行为,从而产生环境规制的溢出效应。 ρ 用于捕捉地区之间共同存在的相关性, $-1 < \rho < 1$。 ω_{ij} 用于捕捉地区间的异质相关性, $0 \leqslant \omega_{ij} \leqslant 1$。当 $i=j$ 时, $\omega_{ij} = 0$。

结合式(4-6)和(4-7),可得:

$$C_{it} = (1-\beta)W_{it} \qquad (4-8)$$

$$H_{it} = \frac{\beta W_{it}}{p_{Hit}} \qquad\qquad (4-9)$$

将消费者的住房消费乘以城市总人口数 L_i，得到城市 i 的总住房需求：

$$\sum H_{it} = L_{it} \frac{\beta W_{it}}{p_{Hit}} \qquad\qquad (4-10)$$

三、房地产商决策

根据格莱泽(Glaeser，2008)的设定，在完全竞争市场上决定住房面积 S 和住房高度 h。假定地方政府的土地供应完全无弹性，且外生给定为 $\bar{S}$，同时住房供给的单位成本是 $c_0 h^{\delta-1}$，$\delta > 1$。房地产商的目标函数为：

$$\pi = p_{Hit} h S - c_0 h^{\delta} S - p_s S \qquad\qquad (4-11)$$

其中，p_s 表示土地价格。根据一阶条件可得：

$$h = \left(\frac{p_{Hit}}{c_0 \delta}\right)^{\frac{1}{\delta-1}} \qquad\qquad (4-12)$$

住房总供给为：$h\bar{S} = \left(\frac{p_{Hit}}{c_0 \delta}\right)^{\frac{1}{\delta-1}} S$。联立式(4-10)和(4-12)，可以得到住房价格：

$$p_{Hit} = \left[\frac{L_{it}\beta W_{it}}{\bar{S}}\right]^{\frac{\delta-1}{\delta}} (c_0\delta)^{\frac{1}{\delta}} \qquad\qquad (4-13)$$

四、空间均衡与劳动力供给

空间均衡的结果是消费者在各个城市得到相同的保留效用，假设这一效用为 u。根据式(4-6)和(4-7)得到间接效用函数，令其等于保留效用 u，即：

$$V_{it} = \beta^{\beta}(1-\beta)^{1-\beta} W_{it} p_{Hit}^{-\beta} E_{it} \prod_{j\neq i}^{N} E_{jt}^{\rho\omega_{ij}} = u_t \qquad\qquad (4-14)$$

五、均衡的全要素生产率

根据劳动力需求式(4-5)、住房价格式(4-13)和间接效用函数式(4-14)，

可以求得均衡的人口、工资以及房价,进一步可以求得均衡的全要素生产率,并取对数:

$$\ln A_{it} = D + \frac{(\alpha-1)\phi}{(1-v)\xi}\left(\ln E_{it} + \rho\sum_{j\neq i}^{N}\omega_{ij}\ln E_{jt}\right) + \frac{\alpha\gamma\phi\left[(1-v)\xi-(1-\alpha)\tau\right]}{(1-v)^2\xi}\ln\bar{z}_i$$

$$+ \frac{(1-v+\phi)(1-v)\xi-(1-\alpha)\phi\tau}{(1-v)^2\xi}\ln\Omega_t + \frac{(1-\alpha)\phi}{(1-v)\xi}\ln u_t$$

$$(4-15)$$

其中,

$$D = \frac{(1-v)^2\xi\phi+(1-v)\xi v\phi-(1-\alpha)v\tau\phi}{(1-v)^2\xi}\ln v + \frac{(\alpha-1)\phi\beta}{(1-v)\delta\xi}\ln\beta$$

$$+ \frac{(1-\alpha)(\beta-1)\phi}{(1-v)\xi}\ln(1-\beta) + \frac{(1-\delta)(1-\alpha)\beta\phi}{(1-v)\delta\xi}\ln\bar{S} + \frac{(1-\alpha)\beta\phi}{(1-v)\delta\xi}\ln c_0\delta$$

$$+ \frac{(\alpha-1)\phi\tau}{(1-v)\xi}\ln(1-\alpha), \quad \xi = \frac{1-v}{(2-\alpha-v)\tau+v-1}$$

从式(4-15)可以看出,不仅本地的环境规制会影响本地的全要素生产率,其他地区的环境规制也会影响本地的全要素生产率。并且,由于 ρ 的符号并不确定,本地环境规制与邻近地区环境规制对本地全要素生产率的影响方向可能相同,也可能不同。由于理论模型不能验证环境规制对全要素生产率的影响方向,需要进一步通过实证研究来进行判断。

第三节 地方政府的非对称环境治理

在实证分析地方政府环境规制执行的策略性行为如何影响城市生产率增长之前,首先需要明晰两个问题:一是城市间环境规制执行是否存在策略性行为? 二是如果存在城市间环境规制执行的策略性行为,具体的形式是什么? 本节首先对这两个问题进行研究,为后面进一步研究环境规制执行竞争产生的生产率影响效应提供铺垫。

一、模型设定、变量选取及数据说明

(一) 模型设定

首先,检验地方政府环境规制执行是否存在策略性行为。需要指出,研究发现随着时间推移,虽然我国省级政府对环境执法效果有明显的推动作用,但来自市政府层级的政府机构并未能够有效配合上级政府的政策(Zhan et al.,2014)。换言之,主要是地市级的地方政府存在为自身利益而自主选择环境规制执行程度的动机,因此本章以地市级政府为研究对象。参考布吕克纳(Brueckner,2003)和科尼斯基(Konisky,2007)的做法,设定检验地方政府环境规制策略性行为的模型如下:

$$E_{it} = \lambda \sum_{j=1}^{N} \omega_{ij} E_{jt} + \eta X_{it} + \varsigma_i + \varsigma_t + \varepsilon_{it}, \ i = 1, 2, \cdots, 285, \ j \neq i$$

$$(4-16)$$

其中,E_{it} 是城市 i 在年份 t 的环境规制执行程度,ω_{ij} 是城市 i 与城市 j 之间的空间关联程度,E_{jt} 是城市 j 在年份 t 的环境规制执行程度。X_{it} 是描述城市特征的控制变量,ς_i 是城市固定效应,ς_t 是时间固定效应,ε_{it} 是残差扰动项。假定残差扰动项不存在跨期相关性但可能存在空间相关性。核心解释变量 $\sum \omega_{ij} E_{jt}$ 表示竞争城市加权平均的环境规制执行程度,λ 表示本城市环境规制执行程度关于其竞争城市环境规制执行程度的反应系数。

根据布吕克纳(Brueckner,2003),在估计式(4-16)时需要解决 3 个计量问题:$\sum \omega_{ij} E_{jt}$ 的内生性问题、残差项的空间自相关问题以及遗漏变量偏误问题。已有文献一般采用空间极大似然法(ML)或两阶段最小二乘工具变量法(2SLS-IV)来缓解 $\sum \omega_{ij} E_{jt}$ 的内生性问题(Case et al.,1993;Besley and Case,1995;Figlio et al.,1999;Brueckner and Saavedra,2001;Saavedra,2001;Fredriksson and Millimet,2002;Levinson,2003)。早期采用 2SLS-IV

的文献多是因为该方法忽略了雅克比项,可以避免 ML 的计算困难。但是,根据莱萨格和佩斯(LeSage and Pace, 2009)的研究,ML 估计量存在的运算困难问题已经得到解决。考虑到 2SLS－IV 方法由于忽略了雅克比项,参数估计值往往会超出其定义域的范围,因此参考龙小宁等(2014)的做法,这里选择 ML 估计方法。此外,考虑到残差项可能存在空间自相关,故采用既包含空间滞后因变量又包含空间滞后误差项的 Kelejian-Prucha 模型进行系数估计,并且尽可能控制影响城市环境规制执行的变量以缓解遗漏变量偏误问题。[①]

其次,式(4－16)只能检验地方政府是否存在环境规制执行的策略性行为。为进一步检验策略性行为的具体形式,本章参考相关文献的做法(Fredriksson and Millimet, 2002; Konisky, 2007;张文彬等,2010),设定两种形式的两区制空间杜宾固定效应模型进行研究:

$$E_{it} = \lambda_1 D_{it} \sum_{j \neq i} \omega_{ij} E_{jt} + \lambda_2 (1 - D_{it}) \sum_{j \neq i} \omega_{ij} E_{jt} + \eta X_{it} + \mu_i + \sigma_t + \varepsilon_{it}, \ i = 1, 2, \cdots, 285 \tag{4-17}$$

$$其中, D_{it} = \begin{cases} 1, & \sum_{j \neq i} \omega_{ij} E_{jt} < \sum_{j \neq i} \omega_{ij} E_{jt-1} \\ 0, & \sum_{j \neq i} \omega_{ij} E_{jt} \geqslant \sum_{j \neq i} \omega_{ij} E_{jt-1} \end{cases}, 当竞争城市加权平均的环境规$$

制执行程度较上年有所下降时,本地环境规制执行程度的反应系数为 λ_1。当竞争城市加权平均的环境规制执行程度较上年并未下降时,本地环境规制执行程度的反应系数为 λ_2。如果环境规制执行竞争完全表现为逐底竞赛,可以预期的是 $\lambda_1 > 0$ 而 λ_2 不显著异于 0。

$$E_{it} = \lambda_1 I_{it} \sum_{j \neq i} \omega_{ij} E_{jt} + \lambda_2 (1 - I_{it}) \sum_{j \neq i} \omega_{ij} E_{jt} + \eta X_{it} + \mu_i + \sigma_t + \varepsilon_{it}, \ i = 1, 2, \cdots, 285 \tag{4-18}$$

① 最完备的做法应该是既控制空间滞后因变量和空间滞后误差项又控制空间滞后自变量,但是根据曼斯基(Manski, 1993)的研究,同时包含上述三种空间效应会带来参数无法识别的问题。

$$其中, I_{it} = \begin{cases} 1, & E_{it} > \sum_{j \neq i} \omega_{ij} E_{jt} \\ 0, & E_{it} \leqslant \sum_{j \neq i} \omega_{ij} E_{jt} \end{cases}, 当竞争城市加权平均的环境规制执行$$

程度小于本城市时,本城市环境规制执行程度的反应系数为 λ_1。 当竞争城市加权平均的环境规制执行程度大于或等于本城市时,本城市环境规制执行程度的反应系数为 λ_2。 如果环境规制执行竞争完全表现为逐底竞赛,可以预期 $\lambda_1 > 0$ 而 λ_2 不显著异于 0。与上述回归模型的估计一样,这里同样采用 ML 方法估计式(4 - 17)和(4 - 18)。

(二) 变量选取与数据说明

本章采用两个具体指标衡量地方政府的环境规制执行程度。

一是城市辖区内政府通报处罚的环境违法企业数,用该城市的工业企业总数进行标准化处理。各城市政府通报处罚的环境违法企业数来源于非营利性环保机构——公众环境研究中心公布的全国企业环境监管信息数据库。我们借助 Python 从公众环境研究中心的网站将相关数据爬取下来并进行了手工整理。城市工业企业总数的数据来自《中国城市统计年鉴》,时间跨度为 2004—2013 年。公众环境研究中心公布的全国企业环境监管信息数据库将各地区政府通报处罚的环境违法企业进行了整理和汇总,涵盖的环境违法类型非常全面,不仅包括水、气、固体废弃物等污染物排放超标,还包括程序违法、监控数据失实等违法类型。这一数据库现在已广泛为研究者所使用(聂辉华,2013;梁平汉和高楠,2014)。

二是各城市政府通报处罚的涉及违规污水处理厂数,用各城市总污水处理厂数进行标准化处理。各城市政府通报处罚的违规污水处理厂数来自公众环境研究中心公布的全国污水处理厂环境监管信息数据库,主要囊括的违规类型包括水质超标、处理设施运行不正常、在线监控运行不正常、建设项目未完成环保验收等。我们同样借助 Python 从公众环境研究中心的网站将相关数据爬取下来并进行手工整理。各城市总污水处理厂数的数据来自《中国城市建设统计年鉴》,时间跨度为 2008—2013 年。《中国城市建设统计年鉴》给出了各地级市和县级市所辖区域内的污水处理厂数,由于公众环境研究中心数据库中的地级市范围囊括了其下辖的县级市,因此我们根据最新的行政区划,手工将《中国城市建设统计年鉴》中县级市的污水处理厂数加总到了所属的地级市层面。众所周知,污水处理厂是环境保护的最后一道防线,对于城市来说更是如此。我国在"十五"计划期间上马了大量污水处理厂,但很多污水处理厂并未真正发挥治污效果。与企业相比,对违规污水处理厂的通报与行政处罚更能反映地方政府环境规制的执行强度。

控制变量包括:经济发展水平、对外开放程度、财政自主程度、人口密度、城镇登记失业率、职业平均工资。经济发展水平采用人均 GDP 测度。经济发展水平越高,公众对清洁环境的需求越大,政府越可能因回应公众的需求而加强辖区的环境规制执行程度。对外开放程度,采用城市实际利用外商直接投资占 GDP 总额的比重测度。作为政府招商引资的主要目标,外商直接投资必然会对政府的环境规制决策形成干扰(张宇和蒋殿春,2014)。财政自主程度,采用城市本级预算内财政收入占本级预算内财政总支出的比重测度。地方财政自主程度越高,越可能脱离中央政府的管控,放松环境监管的激励也就越大(王永钦等,2007)。人口密度,采用年末总人口与行政区域面积的比值测度。人口密度越高的地区,环境污染的潜在威胁越大,地方政府越有可能提升辖区的环境规制执行程度。城镇登记失业率,采用城镇登记失业人员占总人口的比重测度。地方政府可能为了缓解失业率放松辖区的环境规制执行程度,以吸引资本流入,从而解决失业问题。职工平均工资,用在岗职工工资总额除以在岗职工人数表征。居民的收入越高,对于清洁型产品的支付能力越强,地方政府越可能提升环境规制执行程度。所有控制变量的数据均来自《中国城市统计年鉴》(2005—2014 年)。

为了准确而全面地刻画竞争性城市,我们选择如下三种空间权重矩阵:

（1）Queen 型 0—1 邻接矩阵（W_1）。[1] 当城市 i 与城市 j 相邻时，ω_{ij} 等于 1；当城市 i 与城市 j 不相邻时，ω_{ij} 等于 0。这是最简单的空间权重设定方法，假定地方政府只与边界相邻的地方政府进行竞争。

（2）地理距离权重矩阵（W_2）。ω_{ij} 等于城市 i 与 j 之间直线距离的倒数。与 0—1 型矩阵相比，该矩阵假定任何城市之间都可能互相竞争，只是地方政府更可能与距离更近的城市产生更强的竞争行为。

（3）经济距离权重矩阵（W_3）。$\omega_{ij} = 1/\mid pgdp_i - pgdp_j + 1\mid$。[2] 与上述两个矩阵基于地理空间构建权重矩阵的思路不同，经济距离权重矩阵以人均 GDP 衡量城市之间的邻近程度。

为了使得空间滞后项具有加权平均的含义，上述三种空间权重矩阵均采取行标准化的方法进行处理，并且设定矩阵的空间对角线均为 0。[3] 所有价格型变量均以 2004 年为基期，采用 GDP 指数进行平减处理。我们从国家基础地理信息系统 1：400 万地形数据库获得各个城市的经纬度坐标，再根据各个城市的经纬度坐标计算城市之间的地理距离。实证分析所用的样本覆盖中国 285 个地级及以上城市，样本区间为 2004—2013 年。主要变量的描述性统计结果见表 4 - 1。

---

[1] 常用的 0—1 邻接矩阵有三种形式：Rook 型、Bishop 型以及 Queen 型。Rook 相邻表示两个相邻的区域有共同的边。Bishop 相邻表示两个相邻的区域有共同的顶点，但没有共同的边。Queen 相邻表示两个相邻的区域有共同的边或顶点。与前两者相比，Queen 型邻接矩阵考虑的情形无疑更加全面，可以减少空间权重矩阵中可能存在的"孤岛"（即与其他区域均不相邻的地区）。

[2] 根据凯斯等（Case et al.，1993）的研究，经济距离权重矩阵（W_3）取决于城市间人均 GDP 的差异，而本章回归模型中的控制变量有一项是城市内的人均 GDP，因此经济距离权重矩阵（W_3）中的元素与控制变量正交，不会导致误差项与自变量存在相关性。

[3] 尽管采用 Queen 型 0—1 矩阵尽可能减少了孤岛的数量，但是仍然存在 6 个孤岛：舟山市、海口市、三亚市、西宁市、乌鲁木齐市以及克拉玛依市。为了使得行标准化不出错，我们选择距这 6 个城市最近的城市作为它们的邻居，具体配对分别为：舟山市—宁波市、海口市—湛江市、三亚市—海口市、西宁市—武威市、乌鲁木齐市—克拉玛依市以及克拉玛依市—乌鲁木齐市。

表4-1 主要变量的描述性统计结果

变量	变量含义	样本数	均值	标准差	最小值	最大值
ers	环境规制执行程度（企业）	2 850	0.051	0.071	0	0.797
ers_sewage	环境规制执行程度（污水处理厂）	1 710	1.225	1.483	0.023	17
pgdp	经济发展水平	2 850	15 000	11 000	57.460	160 000
opene	对外开放程度	2 850	0.022	0.022	0	0.182
fiscal	财政自主程度	2 850	0.491	0.231	0.026	1.541
density	人口密度	2 850	421	323	4.700	2 662
unemploy	城镇登记失业率	2 850	0.035	0.022	0	0.410
wage	职工平均工资	2 850	14 000	5 117	5 801	140 000
openi	对内开放程度	2 850	0.329	0.069	0.036	0.642
scale	政府支出规模	2 850	0.096	0.043	0.040	1.936
human	人力资本水平	2 850	1.422	0.507	0.447	4.193
struc	产业结构	2 850	0.518	0.088	0.027	0.897
road	人均城市道路面积	2 850	2.302	0.565	−3.912	4.159
tele	人均邮电量	2 850	6.620	0.987	3.841	9.687
hospital	每万人拥有医院数	2 850	−0.814	0.461	−2.497	2.386
library	每百人公共图书馆藏书	2 850	3.906	1.064	0	6.358
state	国有资产占比	991 810	0.096	0.282	0	1
clr	资产劳动比	996 488	285	653	0	138 177
alr	资产负债率	995 970	0.576	4.882	0	4 838
age	企业年龄	996 514	11.050	11.240	0	100
rd	研发费用	770 865	444	16 669	0	7 142 497

二、环境规制执行的策略性行为研究

首先,我们研究城市间是否存在环境规制执行的策略性互动行为。表4-2报告了基于式(4-16)的实证估计结果。

表4-2 Kelejian-Prucha 模型估计结果

	ers			ers_sewage		
	W_1	W_2	W_3	W_1	W_2	W_3
Wers	0.465*** (8.749)	1.446*** (16.384)	0.064 (0.139)			

	ers			ers_sewage		
	W_1	W_2	W_3	W_1	W_2	W_3
Wers_sewage				0.454***	0.207***	0.459***
				(6.131)	(58.137)	(5.720)
pgdp	−0.002	−0.002	−0.002	0.003	0.007	−0.002
	(−1.058)	(−0.879)	(−0.889)	(0.050)	(0.094)	(−0.033)
opene	−0.268***	−0.300***	−0.379***	−2.506	−3.887	−3.579
	(−3.236)	(−3.106)	(−3.977)	(−0.728)	(−1.008)	(−0.984)
fiscal	−0.019	−0.018	−0.027*	−0.536	−0.695	−0.704
	(−1.306)	(−1.096)	(−1.666)	(−1.308)	(−1.549)	(−1.612)
density	0.010	0.001	0.015	0.802	1.118	0.971
	(0.393)	(0.024)	(0.561)	(0.857)	(1.094)	(0.980)
unemploy	0.146**	0.147**	0.157**	5.862***	6.019***	5.972***
	(2.340)	(2.251)	(2.371)	(3.137)	(3.106)	(3.146)
wage	0.001	0.001	0.001	−0.015	−0.001	−0.015
	(0.687)	(0.848)	(0.821)	(−0.527)	(−0.019)	(−0.528)
空间误差项	−0.309***	−0.490***	−0.023	−0.272***	0.996***	−0.432***
	(−4.318)	(−2.923)	(−0.050)	(−2.748)	(658.815)	(−4.681)
城市固定效应	有	有	有	有	有	有
年份固定效应	有	有	有	有	有	有
样本量	2 850	2 850	2 850	1 710	1 710	1 710
R^2	0.440	0.436	0.418	0.405	0.380	0.364
Log L	4 371.696	4 360.570	4 337.219	−2 348.611	−2 354.782	−2 372.384

注:括号内是 t 值;＊、＊＊、＊＊＊分别代表在 10%、5%和 1%水平显著。

从表 4 - 2 可以发现:

一方面,当采用空间邻接矩阵或地理距离矩阵来刻画城市之间的关联程度时,无论是通过通报处罚的环境违规企业数还是污水厂数来衡量环境规制执行程度,一个城市的环境规制执行程度均与其对应的竞争城市的环境规制执行程度呈现正相关性,且这一正相关性在统计意义和经济意义上均十分显著。具体得到的估计系数介于 0.207 至 1.446 之间,表明竞争城市的环境规制执行程度降低(提升)1 个单位会使得本城市的环境规制执行程度降低(提升)约 0.2 到

1.4 个单位。

另一方面,当采用经济距离矩阵来刻画城市之间的关联程度时,用通报处罚的环境违规污水厂数衡量的环境规制执行程度存在显著的正向空间相关性,而用通报处罚的环境违规企业数衡量的环境规制执行程度在加入一系列控制变量后虽然呈现正向空间相关性,但是未通过至少 10% 水平的显著性检验。导致这一结果的可能原因是,经济相邻城市并不像地理相邻城市具有那么明显的环境规制执行互动。只有通过表征更强执行程度的环境规制指标(通报处罚的环境违规污水处理厂数)才能观察到城市间的策略性行为。

此外,还需要注意两点发现:第一,空间误差项的估计系数基本均通过了 1% 水平的显著性检验,说明相比只考虑空间滞后因变量的 SAR 模型,综合考虑空间滞后因变量和误差项的 Kelejian-Prucha 模型能够得到更加一致的系数估计结果。第二,在控制变量中,尽管对外开放程度和城镇登记失业率的估计系数均通过了显著性检验,但是经济发展水平、财政自主程度、人口密度以及职工平均工资的估计系数并未通过显著性检验。可能的原因是,回归模型已经控制了城市固定效应和年份固定效应,控制变量对环境规制执行程度的影响基本被这两个固定效应吸收掉了。根据莱萨格和佩斯(LeSage and Pace,2009)的研究,对于多数空间计量模型而言(包括这里使用的 Kelejian-Prucha 模型),不能简单地根据自变量的估计系数直接判断其对因变量的影响,而应该通过求导偏微分得到相应的直接效应和溢出效应。由于回归模型中控制变量对环境规制执行程度的影响并非本章研究的重点,故此处及下文不对此展开详细的分析。

其次,我们进一步研究城市间环境规制执行互动的具体形式。表 4 - 3 报告了基于式(4 - 17)和式(4 - 18)的实证估计结果。结果显示,无论地理邻近城市的环境规制执行程度较上年下降还是上升,抑或地理邻近城市的环境规制执行程度低于还是高于本城市,本地环境规制执行的反应系数基本上均显著为正。这一结果说明地理相邻城市间的环境规制执行互动既存在逐底竞赛,又存在竞相向上,表现为非对称的互动形式。这一结果与科尼斯基(Konisky,2007)

表 4-3 环境规制非对称性执行互动估计结果

	ers			ers_sewage			ers			ers_sewage		
	(1)	(2)	(3)	(4)	(5)	(6)	(7)	(8)	(9)	(10)	(11)	(12)
	W_1	W_2	W_3	W_1	W_2	W_3	W_1	W_2	W_3	W_1	W_2	W_3
Wers (D=1)	0.181*** (4.972)	0.549*** (5.160)	0.065 (1.234)									
Wers (D=0)	0.205*** (4.383)	0.427** (2.267)	-0.071 (-0.952)									
Wers_sewage (D=1)				0.169*** (3.577)	0.740*** (7.833)	0.084 (1.306)						
Wers_sewage (D=0)				0.289*** (4.378)	0.266 (0.860)	-0.035 (-0.326)						
Wers (I=1)							0.049 (1.586)	0.209** (2.101)	-0.032 (-0.642)			
Wers (I=0)							0.909*** (22.053)	1.432*** (9.155)	0.570*** (7.923)			
Wers_sewage (I=1)										0.170*** (4.939)	0.705*** (6.512)	0.066 (1.183)

续 表

	ers			ers_sewage			ers			ers_sewage		
	(1) W₁	(2) W₂	(3) W₃	(4) W₁	(5) W₂	(6) W₃	(7) W₁	(8) W₂	(9) W₃	(10) W₁	(11) W₂	(12) W₃
Wers_ sewage (I=0)										0.773*** (13.840)	3.336*** (17.877)	0.536*** (5.885)
样本量	2 565	2 565	2 565	1 425	1 425	1 425	2 850	2 850	2 850	1 710	1 710	1 710
R^2	0.452	0.447	0.437	0.427	0.423	0.410	0.574	0.603	0.568	0.611	0.642	0.596
Log L	3 928.996	3 924.119	3 904.284	−2 010.175	−2 011.460	−2 024.079	4 747.228	4 878.176	4 762.584	−1 992.045	−1 907.012	−2 004.360

注：所有回归均控制了地区和年份固定效应；括号内是 t 值，*、**、*** 分别代表在 10%、5% 和 1% 水平显著。

的结论一致,说明以往大多数文献将我国地方政府环境规制执行的策略性行为直接视为逐底竞赛的做法失之偏颇。除此之外,根据第(9)和(12)列的回归结果,还可以发现,经济相邻城市间的环境规制执行互动形式中仅竞相向上通过了显著性检验,并未发现经济相邻的城市之间就环境规制展开逐底竞赛的证据。

第四节　非对称环境治理的生产率效应

上文研究发现,并非全部城市均参与逐底竞赛式的环境规制执行竞争,还有一些城市参与的环境规制执行竞争体现为竞相向上的形式。理论上,地方政府之间存在非对称的环境治理策略行为,将会造成地区间环境规制执行程度的差异不断扩大。企业通过跨地迁移降低环境治理成本的空间也随之增大,环境规制执行对企业从事技术创新的倒逼机制无形之中被削弱。并且,由于生产率高的企业更容易承受地方政府增强的环境规制程度(Albrizio et al. ,2017),而选择放弃就地创新且跨地迁移的企业更多是低生产率企业,企业的跨地迁移将会使得城市间形成以邻为壑的生产率增长模式。接下来,本节试图回答以下问题:第一,环境规制执行是否产生了波特效应,如果产生了波特效应,在控制邻地环境规制执行后这一效应是否仍存在? 第二,环境规制执行是否导致城市之间形成以邻为壑的生产率增长模式? 第三,环境规制对城市生产率增长的影响效应是否存在异质性? 影响效应的传导机制是什么?

一、模型、变量及数据

(一) 计量模型

根据空间均衡模型推导得出的城市全要素生产率决定方程(4-15)指向的是仅带有空间自滞后项的空间计量模型,因此本章采用空间自滞后回归模型(SLX)进行实证研究,即综合考虑本地环境规制执行和邻近城市环境规制执行对本地全要素生产率的影响,具体模型如下:

$$\ln tfp_{it} = \alpha_0 + \alpha_1 E_{it} + \alpha_2 \sum_{j \neq i} \omega_{ij} E_{jt} + X_{it} + \varsigma_i + \varsigma_t + \varepsilon_{it} \qquad (4-19)$$

其中,下标 i、t 分别表示城市和年份,$\ln tfp_{it}$ 表示城市 i 年份 t 的生产率增长,E_{it} 表示城市 i 年份 t 的环境规制执行程度。$\sum_{j \neq i} \omega_{ij} E_{jt}$ 表示在年份 t 除城市 i 之外所有城市环境规制执行程度的加权平均和。环境规制执行程度和空间权重矩阵的定义同上文。X_{it} 表示城市层面的控制变量,参考相关研究选择的变量(Rosenthal and Strange,2001;Melo et al.,2009;刘生龙和胡鞍钢,2010),包括经济发展水平(采用人均 GDP 测度,取对数形式)、对外开放程度(城市实际利用外商直接投资占地区生产总值的比重)、对内开放程度(城市社会消费品零售总额占地区生产总值的比重)、政府支出规模(政府支出占地区生产总值的比重)、人口密度(年末总人口与行政区域面积的比值,取对数形式)、人力资本水平(平均受教育年限)[①]、产业结构(第二产业占地区生产总值的比重)、人均城市道路面积(取对数形式)、人均邮电量(平减后取对数形式)、每万人拥有医院数(取对数形式)和每百人公共图书馆藏书(取对数形式)。此外,回归方程还控制了年份固定效应(ς_t)和城市固定效应(ς_i)。

采用式(4-19)进行参数估计可能存在两个问题:第一,环境规制一般仅对制造业企业的决策产生影响,而城市层面的全要素生产率不仅囊括了制造业企业的技术创新,还包含城市内部产业结构变化等因素,可能难以准确揭示环境规制引致的波特效应、污染避难所效应以及二者之间的关联。第二,城市环境规制执行与城市全要素生产率存在明显的反向因果关系。技术水平越高的城市对环境的要求越高,地方政府越可能内生地选择更强的环境规制执行程度。为了缓解这两个问题,我们将式(4-19)中的被解释变量换成城市 i 中制造业企业的生产率增长,具体模型如下:

---

① 参考于斌斌(2015)的做法,首先设定不同教育水平的受教育年限分别为:小学 6 年、初中 9 年、高中 12 年、大专以上 16 年。然后,以各受教育水平人口数在总人口中的比例为权数,计算得到各地区的平均受教育年限。

$$\ln tfp_{ipft} = \alpha_0 + \alpha_1 E_{it} + \alpha_2 \sum_{j \neq i} \omega_{ij} E_{jt} + X_{it} + X_{ft} + \varsigma_i + \varsigma_t + \varsigma_p + \varepsilon_{ipft}$$

$$(4-20)$$

其中,下标 p 表示行业,f 表示企业,$\ln tfp_{ipft}$ 表示企业生产率增长,X_{ft} 表示企业层面的控制变量,包括国有资本占比、资本劳动比、资产负债率以及企业年龄。ς_p 表示行业固定效应,其他变量的含义同式(4-19)。核心解释变量是 E_{it} 和 $\sum_{j \neq i} \omega_{ij} E_{jt}$。$E_{it}$ 的符号为正,说明在控制环境规制的溢出效应后,本地环境规制仍然促进本地企业生产率增长,即存在强形式的波特效应。$\sum_{j \neq i} \omega_{ij} E_{jt}$ 的符号为正,说明邻地环境规制执行促进本地企业生产率增长,形成了以邻为伴的城市生产率增长模式;$\sum_{j \neq i} \omega_{ij} E_{jt}$ 的符号为负,说明邻地环境规制执行降低本地企业生产率增长,形成了以邻为壑的城市生产率增长模式。

(二) 城市生产率的测算

本章采用基于超越对数生产函数的随机前沿模型核算城市全要素生产率,具体模型如下:

$$\ln Y_{it} = \beta_0 + \beta_1 \ln L_{it} + \beta_2 \ln K_{it} + 0.5\beta_3 \ln L_{it} \ln K_{it} + 0.5\beta_4 (\ln L_{it})^2 + 0.5\beta_5 (\ln K_{it})^2$$
$$+ \beta_6 t \ln L_{it} + \beta_7 t \ln K_{it} + \beta_8 t + 0.5\beta_9 t^2 + v_{it} - u_{it} \qquad (4-21)$$

其中,Y_{it} 表示地区生产总值,L_{it}、K_{it} 分别表示劳动力和资本存量,选取城市就业人数表征劳动力投入,选取全社会固定资产投资计算物质资本存量。v_{it} 是随机干扰项,服从 $i.i.d. N(0, \sigma_v^2)$。u_{it} 与 v_{it} 相互独立,且 $u_{it} = u_i \exp[-\eta(t-T)]$。其中,$u_i$ 为非负随机变量,用于衡量技术无效率,假定其服从 $iid N^+(\mu, \sigma_u^2)$。η 为待估计参数,表示技术效率的变化率。

采用随机前沿模型估计全要素生产率面临的问题是结论高度依赖模型设定的函数形式,为了避免这一问题,我们采用最为一般化的超越对数生产函数形式,并且展开如下假设检验,以增强结论的可靠性。①$H_0: \beta_3 = \beta_4 = \beta_5 = $

$\beta_6 = \beta_7 = \beta_9 = 0$，即生产前沿函数可以退化为柯布-道格拉斯生产函数；②H_0：$\beta_6 = \beta_7 = \beta_8 = \beta_9 = 0$，即没有中性技术进步。具体采用似然比检验统计量（LR）进行假设检验，似然比检验统计量 $LR = -2(\ln L_0 - \ln L_1)$，$\ln L_0$ 和 $\ln L_1$ 分别表示在零假设和备择假设下的对数似然函数值。检验结果见表 4-4，可以发现基于超越对数生产函数和中性技术进步设定的随机前沿模型可以更好地估计城市层面的全要素生产率增长。采用极大似然法估计得出式（4-21）中的系数，结果见表 4-5。

表 4-4 基于超越对数生产函数的随机前沿模型的检验结果

检验内容	零假设（H_0）	$\ln L_0$	$\ln L_1$	LR	临界值	检验结论
Panel A：张军等（2004）资本存量						
检验①	$\beta_3 = \beta_4 = \beta_5 = \beta_6$ $= \beta_7 = \beta_9 = 0$	-1540.901	-1466.111	149.580	11.911	拒绝
检验②	$\beta_6 = \beta_7 = \beta_8 = \beta_9$	-1668.456	-1466.111	404.690	8.761	拒绝
Panel B：单豪杰（2008）资本存量						
检验①	$\beta_3 = \beta_4 = \beta_5 = \beta_6$ $= \beta_7 = \beta_9 = 0$	-1609.492	-1498.645	221.694	11.911	拒绝
检验②	$\beta_6 = \beta_7 = \beta_8 = \beta_9$ $= 0$	-1763.841	-1498.645	530.392	8.761	拒绝

注：不少研究在对 SFA 模型进行 LR 检验时都采用普通的 χ^2 检验临界值，这往往会造成错误推断问题（余泳泽和张先轸，2015）。因此我们采用库德和帕姆（Kodde and Palm，1986）提供的单边广义似然比检验临界值，尽可能避免这一问题。具体地，我们采用 5% 显著性水平下统计量的临界值。

表 4-5 随机前沿模型的参数估计结果

资本存量核算方法		张军等（2004）资本存量		单豪杰（2008）资本存量	
变量	系数	估计值	标准误	估计值	标准误
截距	β_0	8.120***	1.005	7.427***	1.024
$\ln L_{it}$	β_1	1.647***	0.280	1.449***	0.265
$\ln K_{it}$	β_2	-0.207	0.154	0.110	0.163
$0.5\ln L_{it}\ln K_{it}$	β_3	$-0.249***$	0.038	$-0.238***$	0.038

资本存量核算方法		张军等(2004)资本存量		单豪杰(2008)资本存量	
$0.5(\ln L_{it})^2$	β_4	0.191^{***}	0.018	0.218^{***}	0.019
$0.5(\ln K_{it})^2$	β_5	0.081^{***}	0.013	0.054^{***}	0.015
$t\ln L_{it}$	β_6	0.006	0.007	0.007	0.007
$t\ln K_{it}$	β_7	0.001	0.006	0.011	0.006
t	β_8	-0.069	0.079	-0.368^{***}	0.073
$0.5t^2$	β_9	-0.010^{***}	0.002	0.001	0.003
	σ^2	0.208^{***}	0.009	0.199^{***}	0.015
	γ	0.291^{***}	0.035	0.238^{***}	0.059
	η	0.183^{***}	0.015	0.196^{***}	0.019
Log 似然函数值		-1466.111		-1498.645	
技术无效率不存在的 LR 检验		508.326		507.265	

注：＊＊＊代表在 1%水平下显著。

我们采用康巴哈和洛弗尔(Kumbhakar and Lovell, 2003)推荐的在缺乏价格信息的情况下采用的分解法,不考虑配置效率这一项,将全要素生产率增长率($T\dot{F}P$)分解成技术进步(TP)、技术效率变化($T\dot{E}$)以及规模效率变化(SEC)等三项,具体的分解公式如下：

$$T\dot{F}P = TP + T\dot{E} + SE \tag{4-22}$$

$$TP = \frac{\partial \ln Y_{it}}{\partial t} = \beta_8 + \beta_9 t + \beta_6 \ln L_{it} + \beta_7 \ln K_{it} \tag{4-23}$$

$$T\dot{E} = \frac{\partial \ln TE_{it}}{\partial t} = -\frac{\partial u_{it}}{\partial t} = u_i \eta \exp(-\eta(t-T)) = \eta u_{it} \tag{4-24}$$

$$SEC = (\varepsilon - 1)\left(\frac{\varepsilon_L}{\varepsilon}\dot{L} + \frac{\varepsilon_K}{\varepsilon}\dot{K}\right) \tag{4-25}$$

式(4-25)中, $\varepsilon_L = \partial \ln Y_{it}/\partial \ln L_{it} = \beta_1 + 0.5\beta_3 \ln K_{it} + \beta_4 \ln L_{it} + \beta_6 t$, 表示劳动力的产出弹性。$\varepsilon_K = \partial \ln Y_{it}/\partial \ln K_{it} = \beta_2 + 0.5\beta_3 \ln L_{it} + \beta_5 \ln K_{it} + \beta_7 t$, 表

示资本的产出弹性。$\varepsilon = \varepsilon_L + \varepsilon_K$，表示规模弹性。我们首先根据式(4-23)、(4-24)、(4-25)分别计算出技术进步、技术效率变化以及规模效率，再根据式(4-22)计算出城市层面的全要素生产率增长。

核算城市层面全要素生产率的数据均来自《中国城市统计年鉴》，其中地区生产总值根据城市对应的各年 GDP 平减指数调整为 2004 年不变价格。《中国城市统计年鉴(2010)》中缺失了 73 个城市全社会固定资产投资的数据，我们采用线性插值法进行了补充。在计算资本存量时，分别参照张军等(2004)和单豪杰(2008)的处理方法，先采用各年固定资产投资价格指数(以 2004 年为基期)对固定资产投资进行平减处理，再采用永续盘存法估算各城市的资本存量。其中，张军等(2004)设定折旧率为 9.6%，单豪杰(2008)设定折旧率为 10.96%。

(三) 企业生产率的测算

基于工业企业数据库(2004—2007 年)，本节分别采用 OP 法和 LP 法计算企业的全要素生产率。其中，OP 法为奥利和佩克斯(Olley and Pakes, 1996)提供的测度方法，LP 法为莱文索恩和佩特林(Levinsohn and Petrin, 2003)提供的测度方法。核算的具体过程主要参考鲁晓东和连玉君(2012)的研究。由于 OP 方法要求使用企业投资数据，并假定投资与产出之间始终保持单调关系，但这一假设在现实中并不成立，且有大量样本企业缺失投资数据或者投资为负，若采用该方法会导致大量的样本损失。因此在基准回归中，本章首先采用 LP 方法得到企业全要素生产率。再参考郭于玮和马弘(2016)的做法，以中间投入代替投资额采用 OP 方法估计企业全要素生产率进行稳健性检验。

在核算企业全要素生产率之前，首先对中国工业企业数据库进行清洗：(1)参考李玉红等(2008)的方法，删除企业投入小于 0、企业总产值小于 0、固定资产原值小于净值、员工人数少于 8 人以及工业增加值或中间投入大于工业总产值的样本；删除缺失总资产、净固定资产、销售额以及工业总产值等变量值的样本。(2)工业企业数据库缺少 2004 年的工业增加值数据，根据聂辉华等

(2012)提供的方法进行补充。(3)根据勃兰特等(Brandt et al., 2012)提供的产业调整目录,对2003年前后中国工业部门全部四位数产业的统计口径进行统一,并且删除采掘业、电力、燃气及水的生产和供应业,仅保留制造业的数据。(4)参考勃兰特等(Brandt et al., 2012)提供的代码将2004—2007年的企业进行匹配,最终构建一个非平衡面板数据。(5)根据国家统计局提供的地区行政代码,将285个地级市之外的样本企业剔除。

在核算企业资本存量时,我们并未选择使用永续盘存法,其原因是在使用永续盘存法时多数研究均将相邻年份企业的固定资产原值差额作为企业的固定资产投资,其中有约1/4左右样本企业的固定资产投资小于0,容易造成固定资本存量估算偏误。参考吴利学等(2016)的做法,本节利用企业固定资产净值年平均余额直接表示企业的固定资本存量。此外,为了消除价格因素,采用企业所在地区工业品出厂价格指数对企业工业增加值进行平减;采用原材料、燃料、动力购进价格指数对中间投入进行平减;利用企业所在地区固定资产价格指数对企业固定资本存量进行平减。上述指标均调整为以1998年为基期的实际值,价格指数数据来自《中国统计年鉴》。

二、基准结果

(一) 城市层面的结果

我们分别根据张军等(2004)和单豪杰(2008)的方法计算两种城市资本存量,并相应地核算城市全要素生产率增长。再分别将城市全要素生产率增长的两种核算结果对环境规制执行程度及其空间滞后项进行回归,结果见表4-6。从中可以发现,在加入一系列城市层面的控制变量以后,无论采用通报处罚的环境违规企业数还是污水处理厂数衡量本地环境规制执行程度和竞争城市环境规制执行程度,其估计系数基本上均未通过显著性检验;经济相邻城市环境规制执行程度的估计系数虽然部分通过了显著性检验,但也不稳健。因此,不能根据城市层面的系数估计结果得到确定性的结论。

表4-6 基于城市层面数据的估计结果

	(1)	(2)	(3)	(4)	(5)	(6)	(7)	(8)	(9)	(10)	(11)	(12)
	$tfpc\_z$			$tfpc\_s$			$tfpc\_z$			$tfpc\_s$		
	W_1	W_2	W_3	W_1	W_2	W_3	W_1	W_2	W_3	W_1	W_2	W_3
ers	0.019	0.017	0.016	0.027	0.024	0.022						
	(0.026)	(0.026)	(0.026)	(0.032)	(0.032)	(0.032)						
$Wers$	−0.049	0.001	0.081*	−0.063	−0.003	0.125**						
	(0.031)	(0.223)	(0.048)	(0.041)	(0.260)	(0.057)						
ers_sewage							0.001	0.001	0.001	0.001	0.001	0.001
							(0.002)	(0.002)	(0.001)	(0.002)	(0.002)	(0.001)
$Wers\_sewage$							−0.001	−0.035	0.005	−0.003	−0.042	0.006
							(0.002)	(0.036)	(0.003)	(0.003)	(0.040)	(0.004)
年份固定效应	有	有	有	有	有	有	有	有	有	有	有	有
地区固定效应	有	有	有	有	有	有	有	有	有	有	有	有
样本数	2850	2850	2850	2850	2850	2850	1710	1710	1710	1710	1710	1710
R^2	0.307	0.306	0.307	0.078	0.077	0.078	0.092	0.094	0.093	0.047	0.049	0.047

注：我们分别基于张军等(2004)和单豪杰(2008)的方法计算城市层面资本存量，根据不同的资本存量核算得出的城市生产率增长分别表示为$tfpc\_z$和$tfpc\_s$。*、**分别代表在10%、5%水平显著。括号内为异方差稳健的标准误。

　　我们认为,导致城市层面的系数估计结果多不显著的原因可能有两个:一方面,无论是本城市还是竞争城市的环境规制执行程度,其对本地生产率增长产生影响的传导机制主要是通过影响制造业企业的生产率增长,而城市层面的生产率增长不仅包含了制造业的生产率增长,还夹杂了诸如现代服务业等产业的生产率增长,甚至还囊括了城市层面管理水平等因素,可能干扰了估计结果。另一方面,更为重要的是,在估计式(4-19)时存在较为严重的内生性问题。例如,城市环境规制执行与城市生产率增长之间可能存在双向因果关系。环境规制执行程度会通过影响污染企业的行为进而影响城市生产率增长,但同时城市政府部门也可能根据生产率增长内生性选择环境规制的执行程度。可能由于内生性问题的存在,导致系数估计结果不一致,本应显著的变量也变得不显著。

(二) 企业层面的结果分析

　　为了解决基于城市层面数据进行估计存在的问题,我们将城市内制造业微观企业的生产率增长作为被解释变量。由于制造业微观企业的生产率增长数据截至2007年,故下文回归分析仅考虑基于通报处罚的环境违规企业数构建的环境规制执行程度。表4-7报告了基于企业层面数据的实证结果,可以发现,就核心解释变量估计系数的符号而言,基于企业数据的结果与基于城市数据的结果一致。在加入了一系列城市层面和企业层面控制变量后,系数估计结果比较稳健。但是,与基于城市数据的回归结果不同,基于企业数据的系数估计结果均通过了至少5%水平的显著性检验。在控制竞争城市环境规制执行程度以后,本地环境规制执行的估计系数介于0.330与0.577之间,说明本地环境规制执行程度提高1个单位,平均而言将通过倒逼本地企业的创新行为促进本地企业的生产率增长约0.330%至0.577%。这一结果从企业层面验证了强形式的波特假说,表明环境规制能够刺激技术创新,产生的创新补偿效应不仅能够弥补遵循成本,还能提升企业的生产率增长(Jaffe and Palmer, 1997; Lanoie et al., 2011)。

<table>
<tr><td colspan="7" align="center">表 4 - 7　基于企业微观数据的估计结果</td></tr>
<tr><td></td><td>(1)</td><td>(2)</td><td>(3)</td><td>(4)</td><td>(5)</td><td>(6)</td></tr>
<tr><td></td><td>W_1</td><td>W_1</td><td>W_2</td><td>W_2</td><td>W_3</td><td>W_3</td></tr>
<tr><td>ers</td><td>0.566***</td><td>0.330***</td><td>0.564***</td><td>0.330***</td><td>0.577***</td><td>0.348***</td></tr>
<tr><td></td><td>(0.037)</td><td>(0.038)</td><td>(0.037)</td><td>(0.038)</td><td>(0.037)</td><td>(0.038)</td></tr>
<tr><td>Wers</td><td>−0.144**</td><td>−0.148**</td><td>−1.052***</td><td>−1.596***</td><td>1.291***</td><td>0.839***</td></tr>
<tr><td></td><td>(0.070)</td><td>(0.070)</td><td>(0.336)</td><td>(0.348)</td><td>(0.089)</td><td>(0.092)</td></tr>
<tr><td>state</td><td></td><td>−0.290***</td><td></td><td>−0.290***</td><td></td><td>−0.290***</td></tr>
<tr><td></td><td></td><td>(0.010)</td><td></td><td>(0.010)</td><td></td><td>(0.010)</td></tr>
<tr><td>clr</td><td></td><td>0.001***</td><td></td><td>0.001***</td><td></td><td>0.001***</td></tr>
<tr><td></td><td></td><td>(0.000)</td><td></td><td>(0.000)</td><td></td><td>(0.000)</td></tr>
<tr><td>alr</td><td></td><td>−0.138***</td><td></td><td>−0.138***</td><td></td><td>−0.138***</td></tr>
<tr><td></td><td></td><td>(0.023)</td><td></td><td>(0.023)</td><td></td><td>(0.023)</td></tr>
<tr><td>age</td><td></td><td>0.010***</td><td></td><td>0.010***</td><td></td><td>0.010***</td></tr>
<tr><td></td><td></td><td>(0.000)</td><td></td><td>(0.000)</td><td></td><td>(0.000)</td></tr>
<tr><td>城市层面控制变量</td><td>无</td><td>有</td><td>无</td><td>有</td><td>无</td><td>有</td></tr>
<tr><td>年份固定效应</td><td>有</td><td>有</td><td>有</td><td>有</td><td>有</td><td>有</td></tr>
<tr><td>地区固定效应</td><td>有</td><td>有</td><td>有</td><td>有</td><td>有</td><td>有</td></tr>
<tr><td>行业固定效应</td><td>有</td><td>有</td><td>有</td><td>有</td><td>有</td><td>有</td></tr>
<tr><td>样本量</td><td>915 987</td><td>899 110</td><td>915 987</td><td>899 110</td><td>915 987</td><td>899 110</td></tr>
<tr><td>R^2</td><td>0.043</td><td>0.094</td><td>0.043</td><td>0.094</td><td>0.043</td><td>0.094</td></tr>
</table>

注：*、**、***分别代表在 10%、5%和 1%水平显著；括号内为异方差稳健的标准误。

此外，竞争城市环境规制执行程度的估计系数介于−1.596 与 1.291 之间，表明环境规制执行对城市内企业生产率增长确实存在溢出效应。但是估计系数有负有正，说明溢出效应表现出两种不同的形式。

第一，空间相邻的城市间存在以邻为壑式的生产率增长模式，即一个城市生产率增长的提升以空间相邻城市生产率增长的降低为代价。如上文提及，空间邻近的城市间存在显著的环境规制执行竞争行为，当空间邻近的城市提升环境规制执行水平后，由于全局同时存在竞相向上和逐底竞赛的竞争行为，空间邻近的城市间环境规制执行程度的差异变大。此时,污染企业在就地创新和跨地迁移的选择中倾向于后者。① 又因为生产率越高的企业越能适应增强的环境规制执行水平(Albrizio et al.,2017),导致低生产率企业出于回避环境规制的动机而跨地转移到环境规制执行水平相对低的城市,从而使得这些城市内企业的生产率增长呈下降趋势。值得注意的是,相比于采用空间邻接矩阵刻画竞争城市,当采用地理距离矩阵刻画竞争城市时,竞争城市环境规制执行程度的负向溢出效应更为明显。这一结果表明,低生产率企业因回避环境规制而跨地转移的现象不仅仅发生在行政边界接壤的城市之间,同样存在于距离更远的城市间,区别只是在于随着距离的增加这一现象逐渐衰弱。

第二,经济相邻的城市间表现为以邻为伴式的生产率增长模式,即一个城市生产率增长的提升有助于提升经济相邻城市的生产率增长。上文关于环境规制互动行为的研究发现,相比于空间相邻的城市,经济相邻城市之间的环境规制竞争较弱,并且主要表现为竞相向上的互动形式。因此,经济相邻城市之间就不太可能为了竞争流动性资源而追逐更低的环境规制执行水平,自然也就不太可能着力于吸引那些低生产率且高污染的企业。正是由于迁入地存在阻碍生产率偏低企业迁入的筛选机制,为了回避环境规制而成功跨地迁移的企业相对迁入地企业而言往往有着更高的生产率,从而可以使得经济邻近城市之间的环境规制执行互动引致以邻为伴而非以邻为壑的生产率增长模式。

虽然在控制了竞争城市的环境规制执行程度后,本章依然发现了支持强形式波特假说的微观证据,但是令人担忧的是,城市内的企业生产率增长在空间上并非独立。尽管在地理相邻城市间存在以邻为壑式生产率增长模式的同时,也存在经济邻近城市间以邻为伴的生产率增长模式,但这些空间关联性都意味

---

① 污染避难所假说已经指出与就地创新相比,污染企业可能会搬迁到环境规制程度更低的国家以回避日益提升的环境规制带来的治理成本(Copeland and Taylor,2004)。如果一国内部的环境规制差异较大,企业通过易址回避环境规制的行为同样可能在一国内部存在。

着本地环境规制执行激励企业从事技术创新的波特效应被削弱了。很多污染企业在面临本地政府施加的环境规制压力时,不再选择通过就地技术创新来降低环境治理成本,而是选择跨地迁移到环境规制水平相对较低的地区。反过来,如果不存在污染企业通过易址回避环境规制的空间,那么对于所有城市来说,环境规制无论通过倒逼企业成长(企业自身生产率的增长)还是激活市场更替(低生产率企业的死亡与高生产率企业的诞生),都更有助于提升所有城市的生产率增长。

三、稳健性检验

(一) 生产率的不同测算方法

我们将被解释变量换成根据 OP 法测算的企业生产率增长进行稳健性检验,结果见表 4 - 8。可以发现:一方面,本地环境规制执行水平的估计系数均显著为正,且系数大小与上述结果类似;另一方面,空间相邻的竞争城市环境规制执行水平的估计系数显著为负,经济相邻的竞争城市环境规制水平的估计系数显著为正,且系数大小均与上述结果类似。由此可见,更换生产率的测算方法并不影响上述主要结论。

表 4 - 8　不同生产率测算方法(OP 法)的结果

	(1)	(2)	(3)	(4)	(5)	(6)
	W_1	W_1	W_2	W_2	W_3	W_3
ers	0.544***	0.310***	0.542***	0.311***	0.555***	0.329***
	(0.037)	(0.038)	(0.037)	(0.038)	(0.037)	(0.038)
Wers	−0.137**	−0.140**	−1.004***	−1.504***	1.280***	0.835***
	(0.069)	(0.069)	(0.332)	(0.344)	(0.089)	(0.091)
state		−0.294***		−0.295***		−0.294***
		(0.010)		(0.010)		(0.010)
clr		0.001***		0.001***		0.001***
		(0.000)		(0.000)		(0.000)
alr		−0.135***		−0.135***		−0.135***
		(0.022)		(0.022)		(0.022)

	(1)	(2)	(3)	(4)	(5)	(6)
	W_1	W_1	W_2	W_2	W_3	W_3
age		0.009***		0.009***		0.009***
		(0.000)		(0.000)		(0.000)
城市层面控制变量	无	有	无	有	无	有
年份固定效应	有	有	有	有	有	有
地区固定效应	有	有	有	有	有	有
行业固定效应	有	有	有	有	有	有
样本量	915 987	899 110	915 987	899 110	915 987	899 110
R^2	0.080	0.128	0.080	0.128	0.080	0.128

注:同表 4 - 7。

(二) 内生性问题处理

我们对内生性问题进行了处理。首先,关于双向因果问题。如果被解释变量是城市层面的生产率增长,这一问题的存在是毋庸置疑的。但是,在将被解释变量换成城市内企业层面的生产率增长后,这一问题变得不再严重。原因是,城市层面的解释变量可以影响企业层面的变量,而单个企业层面的变量很难反过来影响城市层面的变量。因此,前文基于企业生产率的研究结论不太会受到双向因果问题的干扰。其次,关于测量误差问题。出现测量误差问题的根本原因是选用的核心解释变量未能干净地衡量被表征的变量。而本章构建的刻画环境规制执行程度的变量相对干净,不太会受到测量误差问题的干扰。最后,关于遗漏变量偏误问题。本章在实证分析中不仅控制了诸多城市层面可能影响企业生产率增长的变量,还控制了一些企业层面影响企业生产率增长的变量。更为重要的是,实证分析中的核心解释变量是城市层面的,与企业层面的遗漏变量也不太可能存在较强的相关性,故遗漏变量偏误的影响也不大。

为了进一步控制内生性问题的干扰,本章采用核心解释变量的滞后一期作为其工具变量。在同时采用本地环境规制执行水平和竞争城市环境规制水平的滞后一期作为工具变量时,检验异方差稳健性的 DWH 检验并不支持竞争城市的环境规制水平存在内生性问题。因此在实证分析中,我们将竞争城市的环境规制执行水平视为外生变量。

表 4-9 报告了 2SLS 的估计结果,可以发现上文的研究结论仍然成立。本地环境规制执行程度的估计系数依然为正,估计系数介于 0.695~0.785 之间,且在 1%水平统计显著。空间邻近竞争城市环境规制执行程度的估计系数依然在 1%水平显著为负,经济邻近城市环境规制执行程度的估计系数依然在 1%水平显著为正。由于 OLS 估计结果和 2SLS 估计结果不存在明显差异,下文的研究均直接采用 OLS 估计方法。

表 4-9 内生性处理结果

	(1)	(2)	(3)
	W_1	W_2	W_3
ers	0.695***	0.698***	0.785***
	(0.186)	(0.185)	(0.186)
Wers	−0.446***	−2.622***	1.296***
	(0.090)	(0.473)	(0.111)
state	−0.159***	−0.159***	−0.159***
	(0.014)	(0.014)	(0.014)
clr	0.001***	0.001***	0.001***
	(0.000)	(0.000)	(0.000)
alr	−0.202***	−0.202***	−0.202***
	(0.036)	(0.036)	(0.036)
age	0.006***	0.006***	0.006***
	(0.000)	(0.000)	(0.000)
城市层面控制变量	有	有	有
年份固定效应	有	有	有
地区固定效应	有	有	有
行业固定效应	有	有	有
F 检验	41 123.21	46 521.00	44 061.04

	(1)	(2)	(3)
	W_1	W_2	W_3
P值	0.000 0	0.000 0	0.000 0
样本量	527 835	527 835	527 835
R^2	0.109	0.109	0.109

注:同表4-7。

(三)　安慰剂检验

我们采取安慰剂检验进一步验证上述结论的可靠性。通过上述研究,我们主要发现城市间环境规制执行互动引致低生产率企业跨地迁移,进而产生空间邻近城市生产率以邻为壑式增长与经济邻近城市生产率以邻为伴式增长等一系列影响效应。理论上,这些影响效应更可能发生在污染密集型行业。如果上述发现确实成立,可以预期:一方面,竞争城市的环境规制执行程度对本地污染密集型企业生产率增长的影响应该要强于对非污染企业的影响;另一方面,本地环境规制执行程度对本地污染企业生产率增长的影响应该要弱于对本地非污染企业的影响。如果结果与此相反,则说明上述结果可能存在伪回归问题。

国务院2006年公布的《第一次全国污染源普查方案》明确了我国11个重污染行业中的所有企业和16个重点工业污染源行业中的规模以上企业为重点污染源。我们将16个重点工业污染源行业中的10个二位数制造业作为污染密集型行业,其余二位数制造业中非重污染行业的10个制造业作为非污染密集型行业。[1] 属于污染密集行业的企业为污染企业,属于非污染密集行业

---

[1]　污染密集型行业包括了饮料制造业(15),医药制造业(27),化学纤维制造业(28),交通运输设备制造业(37),木材加工及木竹藤棕草制品业(20),通用设备制造业(35),纺织服装、鞋、帽制造业(18),金属制品业(34),专用设备制造业(36),计算机及其他电子设备制造业(40)。非污染密集型行业包括了烟草制品业(16),家具制造业(21),印刷和记录媒介的复制业(23),文教体育用品制造业(24),橡胶制造业(29),塑料制品业(30),电气机械及器材制造业(39),仪器仪表及文化、办公用机械制造业(41),工艺品及其他制造业(42),废弃资源和废弃材料回收加工业(43)。

的企业为非污染企业。选择这一划分标准的原因是该方案正好在本章实证分析的样本期间(2004—2007年)出台,能够较好地呈现当时各行业的污染状况。

需要指出,我们并未将11个重污染行业直接作为污染密集型行业进行考察,原因有两点:第一,该方案指出11个重污染行业中的所有企业均为重点工业污染源,而本章采用的工业企业微观数据仅包含规模以上的企业样本。如果以11个重污染行业为标准,可能存在明显的样本遗漏和选择偏误。该方案规定16个重点工业污染源行业中的规模以上企业为重点污染源,与本章所用企业数据的统计口径一致。第二,该方案指出的11个重污染行业中有不少行业高度依赖当地自然资源,如电力、热力的生产和供应业(Wu et al.,2017),这些行业不太可能进行搬迁,可能会干扰实证结果的判断。

表4-10报告了安慰剂检验结果。可以发现:第一,当采用空间邻接矩阵和地理距离矩阵刻画竞争城市的环境规制执行程度时,竞争城市的环境规制执行程度对本地污染企业的生产率增长存在负向影响,且这一影响通过了至少5%水平的显著性检验。但是,竞争城市的环境规制执行程度对本地非污染企业生产率增长的影响均未通过至少10%水平的显著性检验。第二,当采用经济相邻矩阵刻画竞争城市的环境规制执行程度时,竞争城市的环境规制执行程度对本地非污染企业生产率增长的影响(估计系数为1.135)虽然通过了显著性检验,但是小于其对本地污染企业生产率增长的影响(估计系数为1.337)。第三,本地环境规制执行程度对污染企业生产率增长的影响明显小于对非污染企业生产率增长的影响,前者的系数估计仅占后者的一半左右。在控制空间邻近城市或经济邻近城市的环境规制执行程度后,这一结果均十分稳健。因此,可以判断上述研究结论不太可能受到未观测因素的干扰,结论总体上是可信的。

表 4 - 10　安慰剂检验结果

解释变量	(1) W₁	(2) W₂	(3) W₃	(4) W₁	(5) W₂	(6) W₃
	污染密集型行业			非污染密集型行业		
ers	0.199***	0.189***	0.234***	0.338***	0.348***	0.359***
	(0.065)	(0.065)	(0.065)	(0.093)	(0.093)	(0.093)
Wers	−0.249**	−3.361***	1.337***	−0.054	1.060	1.135***
	(0.115)	(0.584)	(0.146)	(0.165)	(0.820)	(0.220)
state	−0.282***	−0.283***	−0.282***	−0.451***	−0.451***	−0.451***
	(0.017)	(0.017)	(0.017)	(0.021)	(0.021)	(0.021)
clr	0.001***	0.001***	0.001***	0.001***	0.001***	0.001***
	(0.000)	(0.000)	(0.000)	(0.000)	(0.000)	(0.000)
alr	−0.169***	−0.169***	−0.169***	−0.183***	−0.183***	−0.183***
	(0.039)	(0.040)	(0.039)	(0.012)	(0.012)	(0.012)
age	0.010***	0.010***	0.010***	0.008***	0.008***	0.008***
	(0.000)	(0.000)	(0.000)	(0.000)	(0.000)	(0.000)
城市层面控制变量	有	有	有	有	有	有
年份固定效应	有	有	有	有	有	有
地区固定效应	有	有	有	有	有	有
行业固定效应	有	有	有	有	有	有
样本量	340 339	340 339	340 339	189 254	189 254	189 254
R^2	0.084	0.084	0.084	0.101	0.101	0.101

注:同表 4 - 7。

四、异质性分析与机制讨论

(一)　分地区回归

我们将全国样本分为东部、中部、西部地区三个子样本,进一步研究环境规制对城市内企业生产率增长影响的地区异质性。[①] 表 4 - 11 报告了基于东部、

[①]　东部地区包括北京、天津、河北、辽宁、上海、江苏、浙江、福建、山东、广东、海南等省份内的地级市,中部地区包括山西、内蒙古、吉林、黑龙江、安徽、江西、河南、湖北、湖南等省份内的地级市,西部地区包括广西、重庆、四川、贵州、云南、陕西、甘肃、青海、宁夏、新疆等省区内的地级市。

表4-11 不同地区的估计结果

	(1) W_1	(2) W_2	(3) W_3	(4) W_1	(5) W_2	(6) W_3	(7) W_1	(8) W_2	(9) W_3
	东部			中部			西部		
ers	0.768***	0.751***	0.804***	−0.244***	−0.253***	−0.241***	0.103	0.015	0.117
	(0.052)	(0.052)	(0.052)	(0.064)	(0.064)	(0.064)	(0.147)	(0.147)	(0.148)
Wers	−0.338***	−2.826***	0.966***	0.235*	1.285**	0.013	−0.008	−8.192***	0.587
	(0.092)	(0.479)	(0.113)	(0.129)	(0.603)	(0.176)	(0.233)	(1.421)	(0.453)
state	−0.319***	−0.320***	−0.319***	−0.253***	−0.253***	−0.253***	−0.177***	−0.176***	−0.177***
	(0.014)	(0.014)	(0.014)	(0.020)	(0.020)	(0.020)	(0.024)	(0.024)	(0.024)
clr	0.001***	0.001***	0.001***	0.001***	0.001***	0.001***	0.001***	0.001***	0.001***
	(0.000)	(0.000)	(0.000)	(0.000)	(0.000)	(0.000)	(0.000)	(0.000)	(0.000)
alr	−0.187***	−0.187***	−0.187***	−0.050*	−0.050*	−0.050*	−0.131***	−0.131***	−0.131***
	(0.006)	(0.006)	(0.006)	(0.027)	(0.027)	(0.027)	(0.029)	(0.029)	(0.029)
age	0.011***	0.011***	0.011***	0.008***	0.008***	0.008***	0.006***	0.006***	0.006***
	(0.000)	(0.000)	(0.000)	(0.000)	(0.000)	(0.000)	(0.000)	(0.000)	(0.000)
控制变量	有	有	有	有	有	有	有	有	有
固定效应	有	有	有	有	有	有	有	有	有
样本量	716 395	716 395	716 395	124 523	124 523	124 523	58 192	58 192	58 192
R^2	0.096	0.096	0.096	0.102	0.102	0.102	0.111	0.112	0.111

注:同表4-7。

中部、西部地区子样本的回归结果,可以发现,仅东部地区的结果与全样本的结果一致,中部和西部地区与全样本的结果并不一致。原因可能在于:

一方面,高生产率企业容易在承受环境规制的压力下释放技术创新的补偿效应,相比之下,低生产率企业迫于生存压力而从事技术创新活动,短期内会因为较大的遵循成本而拖累生产率增长。东部地区的企业比中西部地区的企业更加接近技术前沿,因此环境规制能够在东部地区产生对城市内企业生产率增长的促进效应而未能在中西部地区产生类似的效应。另一方面,空间邻近城市之间以邻为壑的生产率增长模式和经济邻近城市之间以邻为伴的生产率增长模式同时存在,其前提是城市之间同时具有竞相向上和逐底竞赛的策略性互动,导致环境规制执行在地区之间形成明显的差异。在东部地区内,沿海城市与非沿海城市之间可能存在较为明显的环境规制执行竞争与环境规制执行差异,然而在中西部地区内,各城市之间可能并不存在明显的环境规制执行竞争。

(二) 分企业所有制回归

参考聂辉华和贾瑞雪(2011)的做法,根据企业实收资本的控股方从所有制造业企业中提取三类企业:国有企业、私营企业以及外资企业,比较环境规制执行对这三种不同所有制企业的异质性影响效应。表4-12报告了基于三类企业样本的回归结果,可以发现:环境规制执行对私营企业的生产率增长产生了显著的正向影响,符合强形式的波特假说;对国有企业的生产率增长造成了显著的负向影响;而对外资企业的生产率增长则未产生统计显著的影响效应。产生这一结果的可能原因是:相比国有企业,私营企业的创新机制更加灵活,环境规制更容易激发私营企业的创新补偿效应。国有企业虽然与当地政府具有较强的议价能力(Wang et al.,2003),但随着上级政府考核环境治理的要求逐渐提高,地方国有企业已经开始积极承担环境社会责任,在环境规制执行过程中首当其冲,从而导致生产率增长下降。外资企业相比国内企业有着更强的技术水平和更高的排放标准,地方政府的环境规制政策往往不会给外资企业带来额外约束,自然就不会对其生产率增长产生显著的影响(Dean et al.,2009)。

表4－12 不同所有制的估计结果

	国有企业			私营企业			外资企业		
	(1) W_1	(2) W_2	(3) W_3	(4) W_1	(5) W_2	(6) W_3	(7) W_1	(8) W_2	(9) W_3
ers	-0.488*	-0.446*	-0.464*	0.224***	0.224***	0.247***	-0.108	-0.148	-0.110
	(0.260)	(0.259)	(0.258)	(0.050)	(0.050)	(0.050)	(0.183)	(0.183)	(0.183)
$Wers$	0.532	-2.054	-0.140	0.035	-1.111**	0.734***	0.189	-3.732**	0.490
	(0.469)	(2.127)	(0.730)	(0.091)	(0.466)	(0.113)	(0.314)	(1.625)	(0.542)
$state$	-1.503***	-1.504***	-1.504***	1.369***	1.368***	1.369***	0.713***	0.713***	0.713***
	(0.053)	(0.053)	(0.053)	(0.084)	(0.084)	(0.084)	(0.094)	(0.094)	(0.094)
clr	0.001***	0.001***	0.001***	0.001***	0.001***	0.001***	0.001***	0.001***	0.001***
	(0.000)	(0.000)	(0.000)	(0.000)	(0.000)	(0.000)	(0.000)	(0.000)	(0.000)
alr	-0.301***	-0.301***	-0.301***	-0.079***	-0.079***	-0.079***	0.039***	0.039***	0.039***
	(0.046)	(0.046)	(0.046)	(0.027)	(0.027)	(0.027)	(0.012)	(0.012)	(0.012)
age	0.004***	0.004***	0.004***	0.013***	0.013***	0.013***	0.038***	0.038***	0.038***
	(0.001)	(0.001)	(0.001)	(0.000)	(0.000)	(0.000)	(0.001)	(0.001)	(0.001)
控制变量	有	有	有	有	有	有	有	有	有
固定效应	有	有	有	有	有	有	有	有	有
样本量	29 650	29 650	29 650	443 012	443 012	443 012	73 885	73 885	73 885
R^2	0.200	0.200	0.200	0.090	0.090	0.090	0.145	0.145	0.145

注:同表4－7。

此外,从竞争城市环境规制执行水平对本地企业的影响效应来看,空间邻近和经济邻近城市的环境规制执行水平均未对本地国有企业的生产率增长产生显著影响,说明空间邻近和经济邻近城市环境规制执行水平的提升并未导致国有企业发生普遍的迁址行为。竞争城市的环境规制执行程度对本地私营企业和外资企业的生产率增长虽然存在溢出效应,但是结果并不稳健。值得注意的是,空间邻近城市的环境规制执行程度对本地外资企业生产率增长产生的负向影响强于对私营企业造成的负向影响。这一结果说明由于缺乏本地网络的植入效应,外资企业相比国内企业在选址上更具灵活性。

（三）机制讨论

上述分样本回归显示环境规制对不同地区和不同所有制企业的生产率增长存在异质性影响,我们认为,导致这一影响存在异质性的原因除了地区间环境规制执行竞争的异质性和不同所有制企业的产权异质性外,还可能是企业在回应地方政府的环境规制时采取了差异化的措施:一方面,企业可能通过技术创新来降低环境规制带来的额外成本;另一方面,企业也可能通过制度创新提高管理效率,以此来降低环境规制施加的额外成本。相应地,本地环境规制执行和邻地环境规制执行对本地企业生产率增长的影响存在两个可能的传导机制:一是通过影响本地企业的技术创新投入;二是通过影响本地企业的制度创新投入。由于数据限制,我们无法直接识别环境规制影响企业制度创新投入从而影响生产率增长的传导机制,因此下文试图通过控制技术创新投入这一机制来间接推断制度创新投入的传导机制是否存在。

我们在基准回归方程中加入本地企业的研发强度,具体采用研究开发费用占销售收入的比重表征。当被解释变量是企业生产率增长时,在控制企业研发强度后,若未能观察到本地环境规制执行的波特效应和污染避难所效应,则说明制度创新投入并不是环境规制影响企业生产率增长的机制。若观察到本地环境规制执行的波特效应和污染避难所效应,则说明制度创新投入确实是本地环境规制执行和邻地环境规制执行影响本地企业生产率增长的传导机制。

表 4 - 13 报告了机制分析的实证结果,从中有两点发现:第一,当以企业生产率增长为被解释变量时,在控制本地企业的研发强度后,本地环境规制执行程度的正向影响和竞争城市环境规制执行程度的负向影响依然通过了 1% 水平的显著性检验。这一结果充分说明环境规制执行确实通过影响制度创新投入继而影响企业的生产率增长。具体表现为:在本地环境规制执行水平提升以后,本地企业不得不加强制度创新的能力,通过企业内部的改革,不断提升资源配置效率且优化组织管理水平,从而提升本地企业的生产率增长。与此同时,当邻近城市的环境规制执行水平提升以后,无法通过企业制度优化适应新的环境规制执行水平的低生产率企业不得不选择迁移到环境规制执行水平相对较低的本地,从而降低了本地企业整体性的制度创新能力,最终损害本地企业的生产率增长。

表 4 - 13　机制讨论结果

	(1) W_1	(2) W_2	(3) W_3	(4) W_1	(5) W_2	(6) W_3
	R&D			ln *tfp*		
ers	-0.001^{**}	-0.001^{**}	-0.001^{**}	0.182^{***}	0.189^{***}	0.208^{***}
	(0.001)	(0.001)	(0.001)	(0.041)	(0.041)	(0.041)
Wers	-0.001	0.003	-0.002	-0.428^{***}	-1.982^{***}	0.743^{***}
	(0.001)	(0.005)	(0.001)	(0.075)	(0.391)	(0.093)
R&D				0.855	0.855	0.856
				(0.654)	(0.654)	(0.654)
state	0.002^{***}	0.002^{***}	0.002^{***}	-0.223^{***}	-0.223^{***}	-0.223^{***}
	(0.000)	(0.000)	(0.000)	(0.012)	(0.012)	(0.012)
clr	0.001^{***}	0.001^{***}	0.001^{***}	0.001^{***}	0.001^{***}	0.001^{***}
	(0.000)	(0.000)	(0.000)	(0.000)	(0.000)	(0.000)
alr	-0.001^{**}	-0.001^{**}	-0.001^{**}	-0.144^{***}	-0.145^{***}	-0.145^{***}
	(0.000)	(0.000)	(0.000)	(0.029)	(0.029)	(0.029)
age	0.001^{***}	0.001^{***}	0.001^{***}	0.010^{***}	0.010^{***}	0.010^{***}
	(0.000)	(0.000)	(0.000)	(0.000)	(0.000)	(0.000)
城市控制变量	有	有	有	有	有	有

	(1) W_1	(2) W_2	(3) W_3	(4) W_1	(5) W_2	(6) W_3
	R&D			ln *tfp*		
年份固定 效应	有	有	有	有	有	有
地区固定 效应	有	有	有	有	有	有
行业固定 效应	有	有	有	有	有	有
样本量	728 023	728 023	728 023	726 343	726 343	726 343
R^2	0.015	0.015	0.015	0.100	0.100	0.100

注:同表4-7。

第二,当以企业生产率增长为被解释变量时,研发强度虽然对企业生产率增长存在正向影响,但是并未通过至少10%水平的显著性检验,说明环境规制并未通过技术创新这一渠道影响生产率增长。为了进一步验证这一结果,我们将被解释变量换成研发强度,结果如列(1)—(3)所示,本地环境规制执行水平对研发强度呈现显著的负向影响,而邻地环境规制执行水平的估计系数均未通过显著性检验。这一结果进一步说明,技术创新并非传导机制,并且原因不仅在于研发投入未能转化为相应的生产率增长,还在于环境规制未能倒逼企业增加研发投入。这一结果与已有研究得到的结果一致(Albrizio et al.,2017):政策冲击引致创新投入,继而带来实质性技术进步、产业化应用并最终体现为生产率增长需要很长一段时间(Popp,2015)。因此在上述回归结果中,我们观察到的生产率增长更可能来自企业内部的制度创新,如资源配置效率优化等。

第五节　小结:遏制地方政府逐底竞赛行为

本章将现有研究中常见的"波特假说"和"污染避难所假说"进行了空间维

度上的嫁接,从本地效应和溢出效应的双重视角出发,考察了地方政府环境规制执行互动对城市生产率增长的影响。研究主要发现:一是,在城市层面,地方政府之间相互存在显著的环境规制执行竞争行为。这种竞争行为既表现为逐底竞赛,也表现为竞相向上,两种形式共存。与经济相邻的城市相比,空间相邻的城市表现出更加明显的环境规制竞争互动,反映了跨地迁移成本和本地市场效应对企业易址以及地方政府间环境规制执行策略性行为的重要影响。二是,地方政府的环境规制执行确实对本地企业生产率增长存在显著的正向影响。与此同时,空间邻近城市的环境规制执行和经济邻近城市的环境规制执行对本地企业生产率增长也分别产生了显著的负向和正向空间溢出效应。虽然地方政府的环境规制执行力度加大以后能够倒逼部分企业就地加大创新,但同时也使得部分低生产率企业选择通过跨地迁移的方式来逃避环境治理。

一些低生产率企业选择通过跨地转移来逃避环境治理,既使得空间邻近城市间形成以邻为壑的生产率增长模式,又使得经济邻近的城市间形成以邻为伴的生产率增长模式。并且,地方政府之间竞相向上与逐底竞赛并存的竞争行为意味着地区间的环境规制执行水平不断趋异,逐渐弱化了企业就地创新的激励,使得污染企业在就地创新和跨地迁移选择中更加偏向后者。长此以往,局部地区加强环境规制只能使得生产率实现空间上的重新配置。即使局部地区的生产率有所提升,全国层面的整体生产率也未必会保持一致的上升趋势。

本章所得结论的政策启示主要包括两个方面:一方面,在全面建设社会主义现代化国家的进程中,中国式现代化的内涵之一是人与自然和谐共生的现代化,这意味着当前我国环境治理的目标绝不止于环境污染的改善,而应是环境污染的根本好转。自党的十八大召开以后,我国对地方政府辖区内的环境污染展开了卓有成效的治理工作,极大程度上缓解了各地方资源环境约束趋紧和环境污染问题突出的现象。但是,我国的环境污染问题不仅来自早期地方政府对本辖区环境污染的"无视",更与地方政府之间为增长而竞争的行为密切相关。本章从地方政府之间的环境策略性行为入手,展开的相关研究进一步证实了这一点。因此,在政策层面,中央政府不仅需要继续加强对地方政府环境规制执行水平的监管并对地方政府的环境违规行为加大惩罚力度,还需要采取相关举措杜绝地方政府之间的扭曲性策略行为。既要缓解地方政府围绕环境规制执行展开的逐底竞赛,又要鼓励地方政府之间形成竞相向上的良性竞争行为。另一方面,中国式现代化的另一个重要内涵是全体人民共同富裕的现代化。因此在进行环境治理的同时,尤其需要关注环境治理对经济可持续增长产生的影响。本章关注的是地方政府之间环境规制策略行为对生产率增长的影响,而生产率增长是经济长期可持续增长的关键因素。相关研究结论表明,协同地理相邻政府之间的环境规制策略行为,能够有效发挥环境规制对企业创新的倒逼作用,进一步挖掘企业生产率增长的潜在空间,构筑经济高质量发展的基石。此外,站在企业的角度,政府还需要出台相关政策进一步鼓励企业相互之间形成技术扩散和知识溢出的共享机制。既推动国内先进企业技术前沿的上移,又实现落后企业对国内技术前沿的追赶。只有这样,才能给中国经济长期可持续增长提供源源不断的动力,才能为中国经济更好地向高质量发展阶段转变开拓出一条广阔的道路。

第五章　地方环境治理从被动执行到自主创新

第一节　引言

在第三章和第四章的研究内容中,地方政府环境治理的核心内容被认为是对中央环境政策的具体执行。在科层体系中,被动执行中央环境政策的地方政府往往会利用自主行为空间达到"以自我为中心"的目的,产生种种意想不到的后果。这些后果至少包括:地方政府间未就环境协同治理达成政策共识和一致行动,甚至就环境治理展开逐底竞赛,导致污染就近转移,削弱中央环境政策的污染治理效应与创新激发效应。但在现实中,如果简单地认为地方政府的环境治理总是处于这样的被动执行状态,显然失之偏颇。事实上,随着地区经济的不断发展,至少在局部先发地区,环境治理与经济增长并不存在矛盾。对于这些地区的政府而言,治理环境问题与促进经济增长并非"鱼"和"熊掌"不可兼得。因此,有相当一部分地区的环境治理开始突破执行中央环境政策的边界,转向自主推行地方性环境政策创新。

一个自然的问题是,促使地方政府环境治理从被动执行中央环境政策转向自主性环境政策创新的动力来自哪里? 回答这一问题有助于矫正地方政府在环境治理过程中存在的激励扭曲,提升地方政府自主解决辖区环境问题的积极性。与第三章和第四章以地方政府为研究对象不同,本章试图站在地方政府主导者——官员的角度来开展相关问题的分析。在理解地方官员如何影响地方政府的自主性环境政策创新之前,我们首先需要了解这样一个基本事实:不同于 GDP 增长对官员晋升产生的正面激励效应,中央政府对地方政府的环境考核并不是采用"奖励"形式,而是通过"惩罚"方式体现出来。并且,并不是地方政府的环境治理越差,受到的惩罚力度就越大。现实中往往是一个地区的环境出现恶性或重大污染事件,这个地区的地方官员才会受到严厉问责。如果辖区内的环境污染保持在可控的区间内,基本上不会出现来自上级政府的问责,环境考核对地方官员形成的实际约束较小。

基于这样的特征事实,本章认为,对理性的地方官员来说,其是否推动地方政府自主性环境政策创新的行为取决于晋升收益与惩罚成本之间的权衡。由于晋升收益因人而异,因此具有不同晋升激励的地方官员在环境治理上会付出不同程度的努力。给定潜在的惩罚成本,对于晋升激励强的地方官员而言,忽视坏境治理带来的晋升收益大于潜在的惩罚成本,便会消极对待辖区内的环境治理。只要能够避免辖区出现重大环境污染事件,着力推动经济高速增长仍然是这些地方官员赢得晋升锦标赛的占优选择。相比之下,对于晋升激励弱的地方官员而言,忽视环境治理带来的晋升收益很小,因而更加重视环境治理不力可能带来的惩罚成本。为了在退休或者退居二线时仍然保持较好的名声,并享受优渥的物质待遇,这类官员往往更可能加大辖区的环境治理力度,进而推动地方自主性环境政策创新。因此,本章试图分析当面临晋升收益和惩罚成本的权衡时,具有不同晋升激励的地方官员会表现出怎样不同的环境治理行为。本章希冀通过对这一问题的研究揭示地方政府环境治理演进的背后逻辑。

虽然近些年在中央政府对地方政府的考核指标中,环境指标的权重愈发凸显,但GDP作为更为重要的考核指标仍然是不争的事实。因此,在考虑地方官员晋升激励对地方政府环境治理的影响效应时,不能忽视辖区的环境污染因素。辖区内的初始污染水平会影响后续环境污染事件发生的可能性,从而影响潜在惩罚成本,因而官员晋升激励与地方政府环境治理行为之间的关系可能取决于辖区内的初始污染水平。例如,当辖区内的初始污染水平较高时,即使地方官员具有很强的晋升激励,更有动力关注GDP指标,也不得不顾虑很可能发生的严重环境污染事件,从而在环境治理上表现得更为积极,更有可能自主推出地方性环境政策创新。基于此,本章还将进一步检验地方官员晋升激励与地方环境治理行为之间的关系是否受到辖区初始污染水平的影响。

此外,由于水污染具有天然的区域流动特征,以邻为壑的跨界污染行为得到了基于世界多数国家样本的经验证据支持(Cai et al.,2016;Sigman,2002,2005;Sandler,2006)。当地方政府存在以邻为壑的跨界污染行为时,由于部分污染会外溢到辖区外,显著降低辖区官员面临的惩罚成本,从而进一步影响地方官员晋升激励与地方政府环境治理行为之间的关系。因此,本章还会进一步检验地方官员晋升激励与地方环境治理行为之间的关系是否在行政边界和非行政边界处存在显著差异。

本章具体以近年来水污染治理领域的一项地方自主性环境政策创新——河长制为研究对象,通过一个地区是否推行河长制政策来捕捉该地区环境治理是否从被动执行中央环境政策向自主环境政策创新演进。主要从地方官员晋升激励的视角考察河长制在我国各个地区渐进性演进的内在机制,并且考虑地方官员在晋升收益与惩罚成本之间的权衡,进一步深入探究辖区污染水平与行政边界因素对官员晋升激励与河长制演进之间关系的影响。

第二节　地方环境治理逻辑转变的理论分析

为了避免"政治公有地悲剧",推动地方政府扮演"协助之手"而非"掠夺之手",中国地方政府的行政权力往往集中于少数领导身上(周黎安,2007)。这决定了,地方政府的施政方向很大程度上取决于地方领导的自身激励(耿曙等,2016)。正因为此,本章在分析中国地方政府环境治理演进的内在机制时选择从地方官员入手。在下文展开实证分析之前,本节通过一个简单的理论模型分析在中央政府对地方恶性污染事件进行严厉问责的背景下,地方官员的晋升激励如何影响地方政府的环境治理演进。

对地方政府而言,环境治理决策的选择 $c \in \{0, 1\}$。这里定义 $c = 0$ 表示地方政府推行河长制政策，$c=1$ 表示地方政府不推行河长制政策。尽管不少支持波特假说的文献提供了环境治理最终会提升生产率进而促进经济增长的证据(Johnstone et al.，2010；Lanoie et al.，2011；Lee et al.，2011)，但不可否认的是，当经济增长处于粗放式发展模式时，短期内环境政策与经济增长之间存在一定程度的矛盾。因此，我们假定是否推行河长制政策会对辖区经济增长速度产生显著影响。令辖区经济增长速度 $g=g_0+c\delta$。其中，g_0 表示初始经济增长速度，$\delta>0$ 表示当不推行河长制时，辖区的经济增长速度会更快。

对于理性的地方官员而言，是否促进地方政府推行河长制政策取决于其个人对经济增长与环境质量的相对偏好。一系列文献的研究表明，给定有限的晋升岗位，一个地区相对其他地区的经济增长绩效是官员晋升的关键因素(周黎安，2004；Li and Zhou，2005；Xu，2011)。因此，当地方官员的晋升激励较强时，牺牲环境带来的边际晋升收益较大，地方官员促进经济增长而忽视环境治理的倾向性较高(黄滢等，2016；Jia，2017)。而当地方官员的晋升激励较弱时，牺牲环境带来的边际晋升收益较小，在中央政府对恶性污染事件进行严厉问责的情况下，地方官员往往求稳怕乱，在稳定经济增长的同时偏向于加强辖区的环境治理。因此，我们假定每个地方官员的目标是最大化其个体效用，而地方官员的个体效用同时取决于促进经济增长带来的晋升收益和忽视环境治理带来的惩罚成本。

首先，讨论地方官员的晋升收益。改革开放以来，知识化、专业化、年轻化以及革命化一直是我国地方官员选拔的重要参考标准。并且，《中共中央关于建立老干部退休制度的决定(1982)》废除了领导干部职务终身制，明确指出官员在 65 岁以后不得继续任职。这决定了，年龄成为影响地方官员仕途晋升的关键因素，深刻影响着政治激励的作用(Li and Zhou，2005；林挺进，2007；张军和高远，2007)。相对而言，年轻的官员有更好的仕途前景，晋升激励也更大(王贤彬等，2009；徐现祥和王贤彬，2010；Kahn et al.，2015；刘冲等，2017)。因此，年龄越小的地方官员，其面临的晋升收益越大。与此同时，考虑到地方官员能否得到晋升还取决于辖区的经济增长速度,晋升收益与辖区经济增速存在正向关系(Li and Zhou, 2005)。参考白营和龚启圣(Bai and Kung, 2014)的设定方式,我们将地方官员晋升收益表达如下:

$$\pi = \alpha + \ln \frac{g}{g+a} \tag{5-1}$$

其中,g 表示辖区经济增长速度,a 表示地方主要官员的年龄。通过对式(5-1)求一阶导可得 $\partial \pi / \partial g > 0$,$\partial \pi / \partial a < 0$。

其次,讨论地方官员的惩罚成本。自 2003 年中央提出科学发展观以来,中央政府逐渐加强了针对地方官员的环境指标考核。尽管环境指标在官员的整个考核体系中是否占据重要地位仍然存在争议,但有目共睹的是,中央政府往往会对辖区出现恶性环境事件的地方官员进行严厉的问责。因此,恶性环境事件产生的概率会显著影响地方官员面临的惩罚成本。令一个地区恶性环境事件爆发的概率为 p,当环境恶性事件爆发后,地方官员面临的惩罚成本为 $\kappa_0 + \kappa_1 a$。如果一个地区未爆发恶性环境事件,那么这个地区的官员面临的惩罚成本仅为 κ_0;而一旦一个地区出现恶性环境事件,该地区的地方主要官员受到惩罚(如停职审查),那么这些官员多年来的积累将付诸东流。年龄越大,拥有的越多,损失的也就越多。因此我们设定惩罚成本与地方官员的年龄密切相关。并且,我国的地方官员处在一个非常封闭的内部劳动力市场,一旦被罢免或开除,地方官员在仕途内外将面临巨大的落差(Zhou, 2002;周黎安, 2007)。因此,对地方官员来说,一旦因恶性环境事件受到惩罚,所承担的成本是极大的,故这里假定 κ_1 是一个无穷大的正数。

辖区是否会爆发恶性环境事件,一方面与辖区是否推行河长制政策相关,另一方面也与辖区的初始污染水平相关。因此,令恶性环境事件爆发的概率为 $p = p_0 + c\theta$,其中 $\theta > 0$ 表示辖区的初始污染水平。

当地方官员决定是否推行河长制时,其目标在于最大化自身的总效用,该效用的数学表达式如下：

$$\max V(c) = \alpha + \ln\frac{g_0 + c\delta}{g_0 + c\delta + a} - \left[(p_0 + c\theta)(\kappa_0 + \kappa_1 a) + (1 - p_0 - c\theta)\kappa_0\right]$$

$$(5-2)$$

对于地方官员而言，是否推行河长制取决于 $V(c=0)$ 和 $V(c=1)$ 的差异。如果 $\Delta V = V(c=0) - V(c=1) > 0$，地方官员会选择推行河长制，否则地方官员选择不推行河长制得到的效用相对更大。将是否推行河长制的效用差异表示为 $Y^* = \Delta V$，其数学表达式如下：

$$Y^* = \Delta V = \ln\frac{g_0}{g_0 + a} - \ln\frac{g_0 + \delta}{g_0 + \delta + a} + \theta\kappa_1 a \qquad (5-3)$$

现实中，是否推行河长制的效用差异无法被直接观察到，能够被观察到的是地方政府是否在地方官员的影响下推行了河长制，即：

$$Y = \begin{cases} 1 & Y^* > 0 \\ 0 & Y^* \leqslant 0 \end{cases} \qquad (5-4)$$

本章关注的是随着地方官员年龄的变化，推行河长制与不推行河长制相比，地方官员的效用差异如何变化。因此，我们将式（5-3）对 a 求一阶导，得到：

$$\frac{\partial Y^*}{\partial a} = \frac{1}{g_0 + \delta + a} - \frac{1}{g_0 + a} + \theta\kappa_1 \qquad (5-5)$$

其中，虽然 $\dfrac{1}{g_0 + \delta + a} - \dfrac{1}{g_0 + a} < 0$，但由于 κ_1 是一个无穷大的正数，且 δ 并非无穷小的正数，故可以判断 $\dfrac{\partial Y^*}{\partial a} > 0$。这意味着地方官员的年龄越大，选择推行河长制与选择不推行河长制相比，其得到的效用差异越大，地方官员越倾向于在本地区推行河长制。基于此，本章提出如下假说：

假说 1：地方官员的年龄越大，其所在的地方政府越可能推行河长制。即地方官员年龄与辖区河长制推行概率呈正向关系。

在中国地方官员的制度体系中，不同官员的职能分工存在显著差异。以地级市层面为例，市委书记主要负责人事工作并负责大局性的决策，体现"党管干部"的原则。市长主要负责具体经济社会政策的制定和实施(Tan，2006；陈艳艳和罗党论，2012；孙伟增等，2014；Jia，2017)。当上级组织部门考核地方官员的表现时，更多将辖区经济增长归因于市长的个人贡献。相比之下，在针对市委书记的考核中，经济绩效所占的权重较低(姚洋和张牧扬，2013)。因此，从晋升收益的角度来看，即使市委书记与市长面临相同的晋升激励，相对而言也不太会关注辖区经济增长带来的晋升收益。不仅如此，从惩罚成本的角度来看，当辖区出现恶性环境事件后，上级政府也主要惩罚行政官员，党委书记往往能够置身事外(Kahn et al.，2015)。因此本章提出如下假说：

假说 2：地方官员年龄与辖区河长制推行概率的关系仅存在于市长，与市委书记无关。

根据式(5-5)，对 θ 求一阶导可以得到 $\dfrac{\partial Y^*}{\partial a \partial \theta} = \kappa_1 > 0$。这一结果表明地方官员年龄与辖区河长制推行概率之间的关系还取决于辖区的初始污染水平。具体来说，辖区的初始污染水平越高，地方官员年龄与河长制推行概率之间的关系越强，即相同年龄的地方官员此时更可能推行河长制政策。因此本章提出如下假说：

假说 3：辖区的初始污染水平越高，地方官员年龄与河长制推行概率的关系越明显。

在河流污染中，地方政府以邻为壑的跨界污染行为是全球普遍存在的现象。由于水污染具有区域流动特征，地方政府往往选择在行政边界附近降低环境规制程度，吸引污染企业在行政边界处集聚。这样做既可以获得边界附近的企业为本辖区带来的税收增长与 GDP 增长，又可以避免企业排放的废水停留在本辖区,从而降低辖区内的污染治理成本(Sigman,2002,2005;Sandler,2006;Cai et al.,2016;Duvivier and Xiong,2013),可谓是"一举两得"。当然,除了水污染本身天然存在的区域流动性特征外,跨界污染行为之所以普遍存在,还与跨界污染难以确定问责主体有关。在水污染治理领域,涉水部门十分繁杂,往往牵扯众多职能部门。一旦出现水污染事件,各部门面临问责时往往推诿扯皮,难以形成真正有效的惩处。

在我国地方政府被动执行中央环境政策的时期,上述现象同样存在。而在地方政府自主推行环境政策创新时,由于内在的治污激励大大改变,跨界污染行为可能发生显著变化。以本章具体研究的河长制为例,从政策文本来看,河长制将辖区污染治理的主体责任落实到地方核心官员身上,建立了协同邻近政府环境治理的机制,能够将污染在行政边界的外部性内部化,有助于解决跨界污染治理的难题。因此,本章提出如下假说:

假说 4:地方官员年龄与河长制推行概率的关系并不受到行政边界因素的影响。

第三节 实证策略

一、模型设定

如前文所述,我们不能观察到是否推行河长制对地方官员效用差异的影响,只能观察地方政府在地方官员晋升激励的影响下是否推行了河长制,因此,在本章的实证分析中,被解释变量是河长制是否推行的 0—1 型变量。当被解释变量是 0—1 型二值变量时,有一些文献采用线性概率模型(LPM),也有一些文献采用非线性概率模型,如 Logit 模型和 Probit 模型。总的来说,这两种方法各有利弊。但相比之下,线性概率模型的参数估计结果更加容易解读,而且在估计解释变量的平均偏效应上也有更好的表现(彭冬冬和杜运苏,2016;郑广珀,2017)。虽然线性概率模型的误差项存在异方差问题,但可以通过考虑稳健标准误的 OLS 估计加以处理。而一旦通过加入虚拟变量控制地区固定效应和时间固定效应后,诸如 Logit 模型和 Probit 模型等非线性概率模型往往会产生"伴随参数问题"(刘啟仁和黄建忠,2017)。基于此,参考熊瑞祥和李辉文(2016)、于丽等(2016)、臧成伟(2017)以及贾瑞雪(Jia,2017)的选择,本章采用线性概率模型进行基准回归分析,同时采用 Probit 模型进行稳健性检验。基准回归模型设定如下:

$$Hezhangzhi_{it} = \alpha Age_{it} + X'\gamma + \eta_i + \lambda_t + \varepsilon_{it} \tag{5-6}$$

其中,$Hezhangzhi_{it}$ 表示地区 i 在年份 t 是否推行河长制政策。$Hezhangzhi_{it} = 1$ 表示河长制被推行,$Hezhangzhi_{it} = 0$ 表示河长制未被推行。Age_{it} 表示地方官员的年龄,X 是影响地方政府环境治理决策的控制变量集合。η_i 是地区固定效应,用于控制地区固有的差异,λ_t 表示时间固定效应,用于控制各地区共同面临的宏观冲击,ε_{it} 是误差项。

进一步,为了检验地方官员年龄与河长制推行概率的关系是否受到辖区初始污染水平和行政边界因素的影响,在式(5-6)的基础上,我们分别加入地方官员年龄和辖区初始污染水平的交叉项($Age_{it} \times Pollution_i$)以及地方官员年龄和行政边界因素的交叉项($Age_{it} \times Boundry_i$)。设定回归模型如下:

$$Hezhangzhi_{it} = \alpha Age_{it} + \beta Age_{it} \times Pollution_i + \rho Age_{it} \times$$
$$Boundry_i + X'\gamma + \eta_i + \lambda_t + \varepsilon_{it} \tag{5-7}$$

其中,$Pollution_i$ 表示地区 i 的初始污染水平,$Boundry_i$ 表示地区 i 是否与行政边界接壤或靠近行政边界。需要指出,在式(5-7)中我们并未加入 $Pollution_i$ 和 $Boundry_i$,原因是这两个变量不随时间变化,在估计过程中会被地区固定效应吸收。

二、变量与数据

(一) 被解释变量

河长制($Hezhangzhi$)是否推行。推行河长制政策完全是地方政府的自主行为,因此本章采用一个地区是否推行河长制来衡量这个地区地方政府的环境治理是否从被动执行转向自主创新。河长制在各地的推行是渐进性的,我们手工整理了各地是否推行河长制的信息以及如果推行河长制,其具体的推行时间信息。河长制开始于 2007 年无锡太湖蓝藻危机,此后在苏州、南京、昆明、周口等地呈现扩散之势。[①] 河长制在各地是否推行以及具体推行时间的信息首先通过网络搜寻各地区的相关官方文件整理得到。例如,我们根据《昆明市河道管理条例(征求意见稿)》的颁布时间确定昆明市在 2008 年推行河长制。同时,为了确保手工整理数据的准确度,我们通过中国知网检索关键字为"河长制"或"河长"的新闻报道,根据这些材料再次手工整理各地区是否推行河长制与具体推行时间的情况,并与之前的结果进行比对。

(二) 核心解释变量

官员年龄。分别考察市长年龄(M_age)和市委书记年龄(S_age)对辖区河长制推行概率的影响。市长和市委书记的年龄均根据其姓名通过百度百科检索得到。

辖区初始污染水平。在研究中国环境问题时,污染数据的质量尤其值得关切。有研究表明,中国地方政府存在操纵环境数据的激励(Ghanem and Zhang, 2014)。因此,根据地方年鉴中污染排放信息可能难以准确反映其辖区真实的污染水平。为此,我们采用国控断面监测点报告的水污染数据进行分析[②],其中水污染指标以国控监测点为截面单元,其他变量均为国控监测点所在地级市的相关信息。考虑到化学需氧量(Cod)是中国政府最为关注的水污染指标(Chen et al., 2018),我们在基准回归采用化学需氧量(Cod)刻画水污

---

① 本章研究主要关注河长制这项自主性环境政策创新的驱动因素,研究的重心是地方官员因素,对于政策本身的内容不需要过多关注。在第六章中,我们将详细介绍这项政策的特征及其具体的演进路径。

② 一共包括 497 个国控监测点,分布在中国最主要的水系上,包括长江、黄河、珠江、松花江、淮河、海河、辽河、西北诸河、西南诸河以及浙闽区河流。由于地方政府操纵国控断面监测点水污染数据的可能性很小,因此,数据质量并不会对本章的主要结论造成干扰。

染的程度,并且在稳健性检验中采用氨氮(Nh)和汞($Mercury$)表征水污染程度。由于中央政府在 2004 年才开始大规模扩大国控监测站点的覆盖范围,在此之前缺少遍及全国的监测站点水污染数据,因此,本章的研究区间从 2004 年开始。又由于《中国环境年鉴》在 2010 年以后不再公开详细的国控断面监测站点信息,本章的研究区间截至 2010 年。[①] 辖区初始污染水平采用 2004 年各污染指标的数据,数据来自《中国环境年鉴(2005)》。

边界变量。采用国控断面监测点作为实证分析的截面单元,其好处不仅在于可以获得更为丰富和值得信赖的水污染数据,还在于可以更加精准地刻画地区是否处于或靠近行政边界。我们首先采用一个虚拟变量($Boundary1$)来表示监测点是否处于省际行政边界,如果处于省际行政边界上,则该虚拟变量取值为 1,反之取值为 0。《中国环境年鉴》报告了各监测点是否位于省际行政边界的情况,我们根据这一信息得到 $Boundary1$ 的取值。与此同时,我们还基于ArcGIS 工具根据各监测点的经纬度坐标和中国省级行政区域地图计算得到各监测点与最近省际行政边界的地理距离($Boundary2$),采用这一连续变量对河长制推行是否存在边界效应进行稳健性检验。其中,国控断面监测点的经纬度坐标来源于国家基础地理信息系统 1∶400 万地形数据库。

(三) 控制变量

参照相关文献(于文超等,2014;沈国兵和张鑫,2015;黄滢等,2016)的做法,为了缓解内生性问题,本章在实证分析中进一步控制可能影响地方政府环境治理决策的干扰性变量,主要包括:(1)经济发展水平(Gdp),采用地区人均GDP 的自然对数来表征经济发展水平。(2)产业结构($Struc$),定义为第二产业产值占地区生产总值的比重。(3)对外开放程度($Open$),定义为城市实际利用

---

① 虽然囿于数据限制,本章实证分析覆盖的时间窗口并未囊括更近的年份,但是我国地方政府自主性环境治理的背后逻辑与科层体制密不可分,有着较强的连贯性,在时间维度上并不会发生较大变化。因此,本章实证分析得到的结论对于党的二十大以后我国地方政府的环境治理依然具有启发性。

外商直接投资占地区生产总值的比重。(4)财政自主度(*Fiscal*),定义为城市本级预算内财政收入占本级预算内财政总支出的比重。(5)人口密度(*Density*),定义为单位行政面积年末总人口的自然对数。(6)城镇登记失业率(*Unemp*),定义为城镇登记失业人员占总人数的比重。其中,总人数包括单位从业人员、私营和个体从业人员以及城镇登记失业人员的人数总和。(7)职工平均工资(*Wage*),定义为人均工资的自然对数。这些变量的数据均来自历年《中国城市统计年鉴》。

本章的主要研究样本是 2004—2010 年 497 个国控断面监测点,水污染数据是国控断面监测点层面的数据,河长制是否推行、官员年龄以及控制变量的数据均是地级市层面的数据。我们依据国控断面监测点所在的地级市信息将这些变量进行了匹配。为了消除通胀影响,所有价格型指标均采用城市层面的 GDP 指数调整为 2004 年不变价,各地级市的 GDP 指数来源于历年《中国区域经济统计年鉴》和《中国统计年鉴》。并且,我们通过汇率将实际利用外商直接投资调整为以人民币计价,汇率数据从国家统计局网站获取。表 5-1 报告了主要变量的描述性统计结果。

表 5-1　变量名称与描述性统计

变量	中文名称	单位	样本量	均值	标准差	最小值	最大值
Hezhangzhi	是否推行河长制		3 377	0.075 8	0.264 7	0.000 0	1.000 0
M_age	市长年龄		2 986	50.724 4	4.651 8	39.000 0	65.000 0
S_age	市委书记年龄		2 886	52.670 5	4.445 4	41.000 0	68.000 0
Cod	化学需氧量	mg/L	3 331	8.789 0	15.566 0	0.000 0	141.000 0
Nh	氨氮	mg/L	3 331	2.580 7	6.048 1	0.000 0	44.670 0
Mercury	汞	μg/L	3 331	0.040 8	0.138 9	0.000 0	2.800 0
*Boundary*1	是否位于行政边界		3 377	0.254 1	0.435 4	0.000 0	1.000 0
*Boundary*2	与最近边界的距离	km	3 377	41.528 3	53.078 9	0.000 0	440.656 0

变量	中文名称	单位	样本量	均值	标准差	最小值	最大值
Gdp	经济发展水平		2 927	9.429 7	0.623 1	4.051 0	11.054 9
Struc	产业结构	%	2 927	0.481 1	0.111 8	0.026 6	0.859 2
Open	对外开放程度	%	2 872	0.023 5	0.023 8	0.000 1	0.120 7
Fiscal	财政自主度	%	2 932	0.521 4	0.235 6	0.025 6	1.255 8
Density	人口密度		2 932	5.815 1	0.942 5	2.366 5	7.708 7
Unemp	城镇登记失业率	%	2 931	0.037 6	0.021 9	0.000 2	0.315 9
Wage	职工平均工资		2 916	9.558 5	0.285 3	8.665 7	11.608 9

第四节　官员激励与地方环境治理创新

一、基准结果

表5-2报告了基准回归结果。首先直接考察地方官员年龄与河长制推行概率之间的关系。第(1)列未加入控制变量,可以发现市长年龄的估计系数在1%水平显著为正,说明市长年龄越大,越可能推动辖区地方政府推行河长制。第(2)列进一步加入控制变量,虽然市长年龄的估计系数在大小上略微下降,但依然高度显著,说明加入地区特征变量后,市长年龄与河长制推行概率之间的正向关系是稳健的。这一结果与前文理论分析部分提出的假说1相符。将第(1)列和第(2)列中的市长年龄更换为市委书记年龄,第(3)列和第(4)列对市委书记年龄与河长制推行概率的关系进行了检验,其中第(3)列未加入地区特征的控制变量,第(4)列控制了地区特征变量。可以发现,与市长年龄的回归结果不同,无论是否控制地区特征变量,市委书记年龄与河长制推行概率的关系均未通过至少10%水平的显著性检验。这一结果说明,市委书记年龄并不会显著影响辖区是否推行河长制的决策。这一结果验证了前文理论分析部分提出的

表5-2 基准回归结果

Hezhangzhi

	(1)	(2)	(3)	(4)	(5)	(6)	(7)
M_age	0.006*** (0.001)	0.005*** (0.001)			0.003** (0.002)	0.005*** (0.002)	0.004** (0.002)
S_age			-0.001 (0.002)	-0.002 (0.002)			
M_age×Cod					1.45e-4** (0.64e-4)		1.62e-4** (0.67e-4)
M_age×Boundary1						-0.002 (0.003)	-0.003 (0.003)
Gdp		-0.228*** (0.073)		-0.231*** (0.074)	-0.214*** (0.073)	-0.228*** (0.073)	-0.213*** (0.073)
Struc		-0.005 (0.166)		0.064 (0.166)	-0.018 (0.166)	-0.001 (0.166)	-0.012 (0.166)
Open		3.236*** (0.402)		3.194*** (0.404)	3.296*** (0.405)	3.219*** (0.403)	3.266*** (0.406)
Fiscal		0.314*** (0.069)		0.270*** (0.070)	0.313*** (0.069)	0.314*** (0.069)	0.313*** (0.069)
Density		-0.819*** (0.183)		-0.630*** (0.196)	-0.880*** (0.184)	-0.825*** (0.183)	-0.890*** (0.184)
Unemp		-1.302*** (0.362)		-1.054*** (0.244)	-1.327*** (0.358)	-1.286*** (0.362)	-1.295*** (0.358)

续表

	(1)	(2)	(3)	(4)	(5)	(6)	(7)
				Hezhangzhi			
Wage		0.225*** (0.069)		0.197*** (0.065)	0.206*** (0.067)	0.225*** (0.069)	0.207*** (0.067)
地区固定效应	有	有	有	有	有	有	有
时间固定效应	有	有	有	有	有	有	有
样本量	2 986	2 840	2 886	2 791	2 798	2 840	2 798
R^2	0.459	0.493	0.453	0.482	0.488	0.493	0.488

注:括号内为异方差稳健的标准误。*,**,*** 分别表示在 10%、5% 以及 1% 水平显著。

假说 2,与中国地方官员职能分工的现实特征紧密吻合。

其次,在上述分析的基础上,进一步考察地方官员年龄与河长制推行概率的关系是否取决于辖区初始污染水平和地理区位。由于已经发现市委书记年龄与河长制推行概率之间不存在显著的关系,故以下分析均以市长为研究对象。第(5)列加入了国控断面监测点所在地级市市长年龄与该监测点是否位于行政边界虚拟变量的交叉项($M\_age \times Cod$),虽然市长年龄的估计系数在大小和显著性上都有一定程度的下降,但依然高度显著,这进一步验证了假说 1。并且,交叉项($M\_age \times Cod$)的估计系数在 5% 水平显著为正,说明辖区初始污染水平显著强化了市长年龄与河长制推行概率之间的正向关系。换言之,当辖区面临严重的初始水污染水平时,对于年轻的市长而言,即使污染的边际晋升收益较高,也不得不顾忌可能爆发的环境污染事件以及随之而来的严厉惩罚,倾向于推行河长制政策。这一结果与理论部分提出的假说 3 相符,说明一个地区是否推行河长制政策取决于地方官员对污染边际回报与潜在成本之间的权衡。

第(6)列加入了国控断面监测点所在地级市市长年龄与是否位于行政边界虚拟变量的交互项($M\_age \times Boundary1$),可以发现,市长年龄的估计系数在大小和显著性上均与第(2)列相同,进一步验证了假说 1。交叉项($M\_age \times Boundary1$)的估计系数未通过至少 10% 水平的显著性检验,说明是否位于行政边界并未显著影响市长年龄与河长制推行概率之间的关系,地方政府在自主推行河长制的进程中并未表现出以邻为壑的损人利己行为。这一结果与理论分析部分提出的假说 4 相符。由此可见,当地方政府的环境治理逻辑从被动执行中央环境政策转向自主政策创新后,其内在的治理激励更加积极,不容易产生辖区环境治理的扭曲性后果——跨界污染。第(7)列同时加入交叉项($M\_age \times Cod$)和交叉项($M\_age \times Boundary1$),结果显示,上述结论依然成立。

二、稳健性检验

上述基准结果验证了本章理论分析部分提出的 4 个假说。核心结果表明,官员年龄是影响地方官员在经济增长与环境治理之间权衡偏向的重要因素,并且官员年龄是通过影响潜在晋升收益,进而影响官员晋升激励,并最终作用于辖区环境治理决策的。基于这一逻辑,由于辖区初始污染水平会影响地方官员面临的潜在惩罚成本,进一步加强了官员年龄与河长制推行概率之间的正向关系。并且,河长制是一项典型的地方自主性环境政策创新,在其执行过程中,地方政府面临的激励与被动执行中央环境政策时完全不同,可以有效避免跨界污染问题,使得官员年龄与河长制推行概率之间的关系不因地区与省际行政边界的相对区位而发生变化。为了使得上述基准结论更加令人信服,本章进一步展开如下内生性讨论和稳健性检验。

(一)　内生性处理

在上述实证分析中,反向因果关系导致的内生性问题不太可能存在。原因是,在实证分析的样本期间,河长制政策是地方性自主推行的水污染治理政策。一直到 2016 年底,中央政府正式要求全国各地全面推行河长制后,这一政策才从地方自主性政策上升为国家治理政策。故在本章的研究样本期间,是否推行河长制不太可能会对官员的流动产生直接影响,因而不太可能影响在任官员的年龄。尽管如此,上述实证分析仍然可能存在遗漏变量造成的内生性偏误。其中一个重要的潜在遗漏变量是地市级官员与中央官员的关系。可以预见的是,地市级官员的年龄越大,阅历越广,越可能与中央官员建立密切的关系。换言之,地市级官员年龄与关系可能存在正相关。与此同时,地市级官员与中央官员的关系也会影响其在经济增长与环境治理之间权衡时的偏向,从而对其是否在任职地区推行河长制产生干扰。具体而言,有关系的地方官员相对不太可能受到惩罚,晋升的概率也更大。因此在经济增长与环境治理的权衡中为获得更好的绩效表现,倾向于促进经济增长、忽视环境治理,即推行河长制的概率可能与关系呈现负相关。

虽然前文的基准回归并未控制地市级官员与中央官员的关系,但是基于上述讨论,一方面地市级官员年龄与关系存在正相关,另一方面推行河长制的概率与关系呈现负相关,故即使在实证模型中并未控制关系这一遗漏变量,也只会偏低估计官员年龄对河长制推行概率的影响。可以明确的是,进一步控制地市级官员与中央官员的关系会使得官员年龄与河长制推行概率的正向关系更强,上述基准回归结果为这两者之间的关系提供了一个下界估计。

(二) 稳健性检验

1. 剔除少数民族地区的样本

上述研究的潜在假设是地方官员为了提升晋升概率,在避免辖区出现环境污染事故的前提下倾向于推动经济增长,地方官员主要面临经济增长与环境治理两大目标的抉择。但事实上,地方官员可能还肩负其他重要任务。比如,在少数民族地区,地方官员的首要任务可能并非促进经济增长,而是维护社会稳定(Lü and Landry,2014)。因此,为了预防环境污染引发群体性事件,威胁社会稳定,这些地区更可能推行环境污染治理政策。与此同时,上级政府也可能任命年龄更大从而经验更足的官员到这些地区任职。为了避免基准结论受到这一因素的干扰,我们剔除西藏、新疆以及宁夏这三个地区的样本进行回归分析,回归结果见表5-3中第(1)列,可以发现上述结论仍然成立。

2. 使用连续变量刻画边界效应

仅仅区分国控断面监测点是否位于边界上,可能会造成边界效应估计的偏误。因此,我们进一步采用国控断面监测点与最近省界的距离($Boundary2$)替换是否位于省级行政边界的0—1型变量($Boundary1$)进行回归。如果河长制是否推行存在边界效应的话,可以预期的是,官员年龄与相距最近省界距离的交叉项($M\_age \times Boundary2$)的估计系数应该显著为正。换言之,相距最近省界的距离越远,官员年龄与河长制推行概率的关系越显著。表5-3中第(2)列报告了对应的回归结果,可以发现,市长年龄与监测点相距最近省界距离的交叉项($M\_age \times Boundary2$)并未通过至少10%水平的显著性检验,与基准回归结果一致。由此说明,官员年龄与河长制推行概率之间的关系并没有因为官员所在地区与省际行政边界的相对区位而发生变化。在省际行政边界附近,地方

113

官员并没有为了实现跨界污染而偏向于避免从被动执行环境政策向自主性环境政策转变。同时,市长年龄以及市长年龄与初始污染水平的交叉项($M\_age \times Cod$)的估计系数均显著为正,同样与基准回归结果一致。

3. 使用其他初始污染水平变量

基准回归采用化学需氧量(Cod)衡量国控断面监测点的初始水污染水平,为了验证基准结果不受到所用具体污染指标的影响,我们进一步采用氨氮(Nh)和汞($Mercury$)作为水污染指标进行回归分析,结果分别见表 5 - 3 中第(3)和(4)列。可以发现,即使采用其他指标衡量初始污染水平,市长年龄与初始污染水平交叉项($M\_age \times Nh$ 和 $M\_age \times Mercury$)的估计系数仍然显著为正,与基准结果一致。同时,市长年龄以及市长年龄与边界变量交叉项($M\_age \times Boundary1$)的估计系数与基准结果相比,并未发生显著变化。

表 5 - 3　稳健性检验结果

| | Hezhangzhi | | | | | |
| | OLS | OLS | OLS | OLS | Logit | Probit |
	(1)	(2)	(3)	(4)	(5)	(6)
M_age	0.003*	0.003*	0.004**	0.004**	0.023	0.012
	(0.002)	(0.002)	(0.002)	(0.002)	(0.037)	(0.020)
$M\_age \times$ Cod	1.66e−4**	1.46e−4**			0.004**	0.002**
	(0.67e−4)	(0.65e−4)			(0.001)	(0.001)
$M\_age \times$ Boundary1	−0.003		−0.002	−0.001	−0.047	−0.029
	(0.003)		(0.003)	(0.003)	(0.062)	(0.033)
$M\_age \times$ Boundary2		1.44e−6				
		(0.25e−4)				
$M\_age \times$ Nh			4.18e−4**			
			(0.20e−3)			
$M\_age \times$ Mercury				0.014**		
				(0.007)		
Boundary1					2.055	1.341
					(3.191)	(1.678)
Cod					−0.182**	−0.095**
					(0.077)	(0.039)

	Hezhangzhi					
	OLS	OLS	OLS	OLS	Logit	Probit
	(1)	(2)	(3)	(4)	(5)	(6)
控制变量	有	有	有	有	有	有
地区固定效应	有	有	有	有	有	有
时间固定效应	有	有	有	有	有	有
样本量	2 761	2 798	2 798	2 798	1 174	1 174
R^2	0.489	0.488	0.488	0.487	0.429	0.414

注:同表 5-2。

4. 使用不同的估计方法

基准回归使用的是线性概率模型(LPM),为进一步检验上述结论的稳健性,进一步采用 Logit 和 Probit 模型进行检验。需要指出,基准回归并未采用 Logit 和 Probit 模型,原因是在本章的样本期间,推行河长制的地区相对较少,存在较多取值为 0 的被解释变量。在这种情况下,一旦加入固定效应,基于整体样本容易导致系数难以估计,删除掉相应样本又可能带来样本选择性偏误,影响系数估计的一致性。表 5-3 中第(5)和(6)列分别报告了 Logit 和 Probit 模型的回归结果,为了使得 Logit 和 Probit 模型能够估计出系数结果,我们在回归模型中仅控制省级地区固定效应,尽管如此,仍然有超过一半的样本在估计过程中被删除。从系数估计结果来看,市长年龄与初始污染水平交叉项($M\_age \times Cod$)的估计系数显著为正,市长年龄与边界变量交叉项($M\_age \times Boundary1$)的估计系数未通过至少 10%水平的显著性检验,与基准回归结果均保持一致。市长年龄的估计系数虽然在 10%的水平并不统计显著,但依然为正,与基准回归一致。

三、排除关系与资源的竞争性解释

上述回归结果验证了本章在理论分析部分提出的研究假说:官员年龄会影

响官员晋升激励,当官员年龄不断增长,污染的边际回报不断降低,官员倾向于加强辖区的环境治理效果,推动地方政府环境治理从被动执行中央环境政策转向自主创新地方性环境政策。需要指出,官员年龄除了会按照这一逻辑通过官员晋升激励的机制影响地方政府的环境治理行为外,还可能通过其他机制影响地方政府的环境治理决策。其中有一些机制同样也可能出现前文展示的回归结果,从而对本章的研究问题构成竞争性解释。为此,我们对这些机制逐一进行排查。

首先,一个可能的竞争性解释是,官员年龄越大,阅历越广,与上级官员的关系可能越紧密,从而越能从上级政府得到有利于辖区经济增长的资源。相应地,地方官员通过降低辖区环境规制力度来吸引流动生产要素的激励就越小,相对更可能推行河长制政策。其次,另一个可能的竞争性解释是,由于地方官员呈现年轻化趋势,出于对年轻官员的需求,相对年轻的官员在犯错后受到上级政府惩罚的概率较小。地方官员的年龄越大,受到处罚的概率越高。因此,为了避免受到处罚,年龄越大的官员越倾向于推行河长制政策。但是,现有文献的研究结论并不支持这一解释的逻辑。有不少研究就发现,随着官员年龄的增长,其受到处罚的概率不断降低而非逐渐上升(Landry, 2008; Jia, 2017)。因此,我们认为,第二个竞争性解释难以成立。为此,下文重点针对第一个可能的竞争性解释进行检验,以排除官员年龄通过影响地方政府获取的经济增长资源,进而影响地方环境治理决策的可能。

参照贾瑞雪(Jia, 2017)的思路,我们具体检验官员年龄是否与辖区从中央政府那里获得的经济增长资源呈现正向关系。采用两个变量刻画地方政府获得的增长资源:(1)中央政府对地方政府转移支付的自然对数(*Transfer*)。这一指标是省级层面的,数据来源于历年《中国财政年鉴》。我们将年鉴分别提供的中央政府对省级政府和计划单列市的转移支付进行加总,作为中央政府对省级政府的全部转移支付。(2)地级市当年是否获批经济特区(*Sez*)。地级市获批经济特区,可以视作中央政府支持地方政府经济增长的重要表现。其中,经济特区包括经济开发区、工业开发区、出口加工区、自由贸易区、共同自贸区、国家旅游度假区、边境经济合作区以及沿海经济开发区等。数据从王瑾(Wang，2013)提供的经济特区名录中整理得到。

竞争性解释的检验结果见表5-4。当采用中央政府对省级政府的转移支付来刻画辖区获得的经济增长资源时，从第(1)和(2)列可以看出，无论是否加入控制变量，市长年龄的估计系数均为负，且在10%水平下仍不显著。第(3)列进一步加入市长年龄与初始污染水平和边界变量的交叉项。可以看出，市长年龄的系数依然为负，但此时这一系数在1%水平下显著。这一结果说明市长年龄越大，辖区获得的转移支付越少。由此可见，实证检验结果并不支持前述的第一个竞争性解释。不仅如此，市长年龄与初始污染水平交叉项($M\_age \times Cod$)的估计系数在10%水平仍不显著，而市长年龄与边界变量交叉项($M\_age \times Boundary1$)的估计系数显著为正。这些结果均不同于前文的基准结果，再次说明第一个竞争性解释缺乏证据支持。

表5-4中第(4)列对市长年龄与地级市当年是否获批经济特区的关系进行简单检验，市长年龄的估计系数为正，但是未通过至少10%水平的显著性检验。第(5)列进一步控制地区特征变量后，市长年龄未显著影响辖区是否获批经济特区的结论仍然成立。第(6)列进一步加入市长年龄与初始污染水平和边界变量的交叉项，市长年龄的估计系数依然未通过至少10%水平的显著性检验。并且，市长年龄与初始污染水平交叉项($M\_age \times Cod$)的系数在10%水平仍不显著，而市长年龄与边界变量交叉项($M\_age \times Boundary1$)的系数在10%水平显著为正。这些结果同样不支持前文所述的第一个竞争性解释。此外，我们还进一步采用Logit和Probit模型估计市长年龄对辖区是否获批经济特区的影响，发现市长年龄的估计系数为负，并且在10%水平显著，表明市长年龄越大，辖区当年获批经济特区的概率甚至越低。

综上所述，官员年龄通过关系这一渠道获得更多有利于经济增长的资源，进而影响地方政府环境治理决策的逻辑并不能一致地解释上述基准结果。

表 5 - 4　竞争性解释的检验结果

	Transfer					Sez		
	OLS	OLS	OLS	OLS	OLS	OLS	Logit	Probit
	(1)	(2)	(3)	(4)	(5)	(6)	(7)	(8)
M_age	$-0.897e-3$	$-0.638e-3$	-0.002^{***}	0.003	0.001	-0.008	-0.059^{*}	-0.035^{*}
	$(0.641e-3)$	$(0.589e-3)$	(0.001)	(0.005)	(0.005)	(0.007)	(0.028)	(0.020)
$M\_age \times Cod$			$0.392e-4$			$0.187e-3$	0.003^{*}	0.002^{*}
			$(0.272e-4)$			$(0.203e-3)$	(0.002)	(0.001)
$M\_age \times Boundary1$			0.004^{***}			0.020^{*}	0.031	0.018^{**}
			(0.001)			(0.011)	(0.054)	(0.030)
$Boundary1$							-0.963	-0.590
							(2.747)	(1.549)
Cod							-0.140	-0.077
							(0.090)	(0.049)
控制变量	无	有	有	无	有	有	有	有
地区固定效应	有	有	有	有	有	有	有	有
时间固定效应	有	有	有	有	有	有	有	有
样本量	2 986	2 840	2 798	1 273	1 217	1 206	1 203	1 203
R^2	0.973	0.978	0.978	0.670	0.689	0.689	0.572	0.569

注:同表 5 - 2。

第五节　基于官员属性和地区特征的拓展分析

一、官员年龄差异

上述内容仅考察了官员年龄影响地方政府环境治理决策的平均效应,忽视了官员年龄的区间差异。由于我国政府越来越重视地方各层级官员的年轻化,因此地方官员在晋升时面临潜在的年龄门槛。一旦在年龄门槛到来之前未能晋升到更高的层级,地方官员晋升的概率就会大大降低。这决定了随着年龄增长,处于不同年龄段的地方官员可能会对地方政府的环境治理决策存在差异性影响。为了研究官员年龄的区间差异效应,按照市长年龄的四分位数将全部样本分成对应的子样本,分别进行回归,结果见表5-5。

表5-5　基于不同年龄段的分样本回归

	Hezhangzhi			
	(1)	(2)	(3)	(4)
	M_age <47	47< M_age <51	51< M_age <54	M_age>54
M_age	0.005	0.033***	−0.040***	0.010**
	(0.014)	(0.011)	(0.012)	(0.005)
控制变量	有	有	有	有
地区固定效应	有	有	有	有
时间固定效应	有	有	有	有
样本量	528	812	737	763
R^2	0.659	0.726	0.819	0.806

注:同表5-2。

其中,第(1)列报告了市长年龄小于下四分位数(47岁)的回归结果,可以发现市长年龄的系数在10%水平仍不显著。这一结果说明当市长年龄小于47岁时,随着年龄增加,晋升激励并未明显减弱,污染的边际回报也未明显降低,地方官员缺乏推行河长制政策的足够激励。第(2)列报告了市长年龄介于下四分位数(47岁)与中位数(51岁)之间的回归结果,可以发现市长年龄的系数显著为正,说明市长年龄越大,河长制推行概率越高。这一结果表明当市长年龄介于47岁与51岁之间时,随着年龄增长,晋升激励逐渐减弱,污染的边际收益不断降低。地方官员在经济增长与环境治理的权衡中逐渐倾向环境治理,以避免可能发生的污染事件引致上级乃至中央政府的问责,使得前期积累的资本"功亏一篑"。

第(3)列报告了市长年龄介于中位数(51岁)和上四分位数(54岁)的回归结果,有趣的是,我们发现市长年龄的估计系数显著为负。这说明市长年龄越大,河长制推行概率越低,与前述结果似乎相悖。但仔细思考一下,这一结果不乏道理:在我国现有官员选拔制度下,若年龄门槛来临之前官员未能得到升迁,其后升迁的概率会大大降低。对于地市级官员而言,已有研究表明晋升的年龄门槛约为54岁(纪志宏等,2014;刘冲等,2017)。当地方官员预期到54岁以后的晋升激励大大降低,在接近54岁时可能甘愿冒着突发环境事件带来的惩罚风险,增加对经济增长的偏向而忽视环境治理。在职业生涯的实际末期,这些官员试图进行奋力冲刺,最大化自身的晋升概率。正因为此,当市长处于接近54岁的年龄段时,越接近于54岁,促进经济增长而忽视环境治理的激励就越明显。由此表现为这个年龄段内,官员年龄与河长制推行概率呈现显著的负向关系。第(4)列报告了市长年龄大于上四分位数(54岁)的回归结果,可以发现市长年龄的系数显著为正,与我们的预期相符。

二、官员任期差异

除官员年龄会影响晋升激励外,官员任期也是影响官员晋升激励的重要因素(张军和高远,2007;王贤彬和徐现祥,2008;王贤彬等,2009)。在前文分析中,我们讨论了官员年龄是否通过影响晋升激励进而影响地方政府推行河长制的概率。那么,官员任期是否也会引起类似的晋升激励变化,表现出随着官员任期的延长,推行河长制的概率越来越高?

为了回答这一问题,我们将官员年龄替换为官员任期进行回归分析,结果见表 5-6。其中,第(1)—(3)列报告了市长任期的回归结果,第(4)—(6)列报告了市委书记任期的回归结果。可以发现,无论是市长任期还是市委书记任期,均未对河长制推行概率产生显著影响。由此可见,随着官员任期增加,地方官员推行河长制政策的激励并没有相应地提升。导致这一结果的可能原因是不同于官员年龄,官员任期对地方官员的环境政策偏好存在两种截然不同的效应。

表 5-6 官员任期对河长制推行概率的影响

	Hezhangzhi					
	(1)	(2)	(3)	(4)	(5)	(6)
M_tenure	0.004 (0.003)	0.002 (0.003)	0.001 (0.004)			
$M\_tenure \times$ Cod			$-0.346e-4$ $(0.238e-3)$			
$M\_tenure \times$ Boundary1			0.005 (0.007)			
S_tenure				-0.001 (0.003)	-0.002 (0.003)	-0.004 (0.004)
$S\_tenure \times$ Cod						$0.458e-4$ $(0.215e-3)$
$S\_tenure \times$ Boundary1						0.008 (0.008)
控制变量	无	有	有	无	有	有
地区固定效应	有	有	有	有	有	有
时间固定效应	有	有	有	有	有	有
样本量	2753	2664	2625	2752	2663	2624
R^2	0.459	0.499	0.493	0.459	0.499	0.493

注:同表 5-2。

一方面,已有研究表明,官员任期与辖区经济增长呈现倒 U 形关系(张军和高远,2007)。为了避免"前人栽树,后人乘凉",随着官员任期增加,地方官员推动经济增长的激励逐渐减弱。由于促进经济增长的激励减弱,地方官员相对更有可能推行河长制政策。另一方面,随着任期增加,地方官员越来越可能与辖区内的污染企业建立牢固的合谋关系(梁平汉和高楠,2014;Gao and Liang,2016)。并且合谋收益逐渐超过潜在惩罚成本,地方官员倾向于降低环境治理力度,纵容辖区企业的排污行为,相对不太可能推行河长制政策。并且,我国地方官员往往缺乏明确的任期,官员随时可能被调整岗位。由于预期不到准确的晋升时间,随着任期增加,官员仍然会不断加码拼搏。因此,地方官员根据任期时长调整经济增长偏向的激励有所削弱。即使随着任期增加,地方官员也仍可能倾向于促进经济增长(Lü and Landry,2014;耿曙等,2016;刘冲等,2017)。

综上所述,官员任期对地方环境治理决策的影响存在两种截然不同的效应。这两种不同的效应之间互相抑制,最终使得官员任期对地方政府推行河长制的概率并不存在显著的影响。

三、初始污染差异

前文在讨论初始污染水平对官员年龄与河长制推行概率关系的影响时,假设这一影响是线性关系。但是,初始污染水平不同意味着环境污染事件爆发的概率存在差异。并且,随着初始污染水平增加,污染事件爆发概率以及潜在惩罚成本可能呈现非线性增长趋势。可以预期,当初始污染处于较高水平时,官员年龄与河长制推行概率的关系尤为强烈;而当初始污染处于较低水平时,即使污染水平逐渐提升,官员年龄与河长制推行概率的关系可能也不明显。

为了对此进行验证,我们将全部样本按照化学需氧量(Cod)的四分位数分成子样本,分别进行回归分析,结果见表 5 – 7。可以发现,在第(1)—(3)列中,市长年龄与初始污染水平交叉项($M\_age \times Cod$)的系数均未通过至少 10% 水平的显著性检验,仅第(4)列中交叉项($M\_age \times Cod$)的系数在 1% 水平显著为正。这说明只有当初始污染处于最高水平范围内,官员年龄与河长制推行概率的关系才明显受到辖区初始污染水平的影响。这一结果验证了官员年龄与河长制推行概率的正向关系根植于官员对晋升收益与潜在惩罚成本之间的权衡。

表5-7　基于不同初始污染水平的分样本回归

	Hezhangzhi			
	（1）	（2）	（3）	（4）
	0<COD≤p25	p25<COD≤p50	p50<COD≤p75	p75<COD≤p100
M_age	−0.002	0.017	0.002	−0.001
	(0.005)	(0.027)	(0.017)	(0.004)
M_age× Cod	0.001	−0.002	0.494e−3	0.286e−3***
	(0.003)	(0.009)	(0.003)	(0.825e−4)
M_age× Boundary1	0.009**	−0.002	−0.011*	−0.012**
	(0.005)	(0.007)	(0.006)	(0.005)
控制变量	有	有	有	有
地区固定效应	有	有	有	有
时间固定效应	有	有	有	有
样本量	有	有	有	有
R^2	0.405	0.529	0.467	0.588

注:同表5-2。

四、不同地区差异

中国各地区的资源禀赋和发展阶段迥然各异,不同区域的地方官员在经济增长和环境治理之间存在不同倾向。故将全部样本分为东部、中部、西部三个子样本,分别进行回归分析。

表5-8报告了基于不同地区的分样本回归结果。第(1)列以东部地区为分析样本,市长年龄、市长年龄与初始污染水平交叉项($M\_age \times Cod$)的系数均显著为正。市长年龄与边界变量交叉项($M\_age \times Boundary1$)的系数在至少10%的水平不显著。这些结果表明东部地区的地方官员依然面临经济增长与环境治理的权衡取舍,产业结构升级与经济增长模式转型存在深入拓展的空间。第(2)列和第(3)列分别以中部和西部地区为分析样本。虽然市长年龄与河长制推行概率的关系并不受边界因素的影响同时得到了中西部地区检验结

果的支持,但是与东部地区明显不同,基于中西部地区样本的实证结果与基准结果并不完全一致:一方面,市长年龄的系数均为负且不显著;另一方面,在中部地区,市长年龄与初始污染水平交叉项($M\_age \times Cod$)的系数显著为负,在西部地区,这一系数并未通过显著性检验。由此可见,与东部地区相比,中西部地区的治污压力相对较小。尤其是西部地区,较低的污染水平并不足以促使地方官员为避免潜在的环境事件而偏向环境治理。

表 5-8　基于不同地区的分样本回归

	Hezhangzhi		
	(1)	(2)	(3)
	东部	中部	西部
M_age	0.009***	−0.001	−0.003
	(0.003)	(0.002)	(0.004)
$M\_age \times Cod$	0.172e−3**	−0.206e−3**	0.430e−3
	(0.860e−4)	(0.980e−4)	(0.315e−3)
$M\_age \times Boundary1$	−0.007	0.006	−0.006
	(0.005)	(0.004)	(0.007)
控制变量	有	有	有
地区固定效应	有	有	有
时间固定效应	有	有	有
样本量	1 083	1 153	562
R^2	0.595	0.481	0.497

注:同表 5-2。

第六节　小结:全面推行地方自主性环境政策

在第三章和第四章的研究中,我们将中国地方政府的环境治理行为概括为对中央环境政策的被动执行。这一观点与现有研究秉持的主流观点类似,成为理解我国环境治理低效问题的主要切入点。然而,随着研究的不断深入,我们发现,一味地强调地方政府在环境治理中的"消极作为",与现实中不少地方政府积极推出地方性环境政策的努力相悖。如果忽视现实中地方性环境政策的出现,显然不能全面理解中国的环境治理政策,对今后地方环境治理政策的完善也没有好处。基于此,本章以近年来一项重要的水污染治理政策创新——河长制为具体研究对象,从地方官员的晋升激励角度探讨了地方环境治理从被动执行到自主创新的内在驱动力。

研究主要得到以下发现:地方官员的内在激励是影响地方政府环境治理演变的关键因素。具体来说,官员年龄越大,晋升的激励越小,污染的边际收益越低。为了避免恶性环境事件带来的巨大惩罚成本,地方官员倾向于推行河长制政策,实现地方政府环境治理从被动执行中央环境政策向自主性环境政策创新的跃迁。并且在初始污染水平高的地区,官员年龄与河长制推行概率的正向关系更为强烈,但二者之间的关系并不取决于辖区与省际行政边界的相对区位。这一结论在使用不同的衡量指标、不同的估计方法、考虑内生性问题、剔除可能的干扰样本以及排除竞争性解释后均稳健。

进一步分析表明,当官员年龄较小时,随着年龄增长晋升概率缓慢下降,地方官员缺乏偏向环境治理的激励;而当官员接近晋升的年龄门槛时,随着年龄增长晋升概率断崖式下降,地方官员具有极大的激励去推动辖区经济增长。现实中,官员任期的不确定性使得地方官员难以根据任期时长调整经济增长与环境治理之间的最优权衡。只有当辖区初始污染处于较高水平时,官员年龄与河长制推行概率的关系才受到辖区初始污染程度的影响。官员年龄与河长制推行概率的正向关系仅存在于东部地区。在中西部地区,由于污染治理的压力相对较小,地方官员缺乏足够激励实现自主性环境政策创新。

虽然在经过多年污染防治攻坚战后,我国生态环境治理已经取得了前所未有的成效,但是,在建设中国式现代化的进程中,生态环境保护的任务依然艰巨。对于今后实现生态环境根本好转的政策路径,本章的研究结论提供了重要的政策启示。

首先,中央政府需要进一步增加地方官员绩效考核中环境指标的权重,提升地方政府对中央环境政策的遵从度。一方面,不仅对辖区爆发环境事件的地方官员实行严惩重罚,也要推动环境考核向常态化、制度化以及系统化转变,切断以牺牲环境为代价的增长造就官员晋升的通道,纠正地方官员尤其是年轻地方官员的 GDP 崇拜主义。另一方面,中央政府除了要加强在任官员的环境绩效考核外,还要进一步推动离任官员的环境损害追责。有关部门应尽快落实《党政领导干部生态环境损害责任追究办法(试行)》的配套法规,逐渐提升环境损害追责的终身性和警示力,真正实现地方官员的个人激励与人民生活水平的全面提升始终融为一体。除此之外,要进一步落实环境保护党政同责,作为辖区权力的"一把手",党委书记应积极承担环境治理责任,形成党委与政府"双管齐下"共治环境污染的局面。并且,中央政府需要构建完善的地方政府环境信息披露体系,提升地方环境数据质量,保证切实有效地推进环境绩效考核与问责。

其次,应该允许并鼓励地方政府自主性环境政策创新。通过进一步调整和改革地方官员治理体系,从地方官员微观主体入手,撬动地方官员晋升激励对地方政府环境治理决策的重要决定作用。一方面,坚持干部选拔以"革命化、年轻化、知识化、专业化"为标准,杜绝年轻官员的短视行为和自利倾向,避免面临年龄门槛的官员出现"大干快上"的急切心态。与此同时,积极提拔任用综合素质高、环境意识强以及具有"为人民美好生活需要服务"使命感的官员。另一方面,完善和执行更加稳定的官员任期制度,形成良好和长期的官员任期预期,使得地方官员在任期内的激励长期化。此外,对于经济发展阶段滞后、环境治理压力较小的地区,上级部门应该未雨绸缪,不应放缓官员治理体系的调整和改革步伐,避免重蹈以环境为代价发展经济的覆辙。

最后,全面推行现有的地方自主性环境政策,如推广河长制政策。不同于中央环境政策,作为地方自主性环境政策创新的体现,本章的研究表明河长制有助于解决长期以来河流污染中普遍存在的跨界污染行为,真正实现河流上下游、左右岸协同治理。因此,有必要大力推广河长制政策。除此之外,在环境治理领域,上级政府不仅需要自上而下地推动政策执行,还需要自下而上地进行政策学习,不断吸收地方性环境政策创新的宝贵经验。并且,在学习推广的过程中,还需要不断优化地方性环境政策的效果。相关部门应该积极加强地方自主性环境治理的经验交流,使得河长制等地方自主性环境政策不仅在省市级政府层面得到推广,也能在县、镇(乡)以及村等基层单位得到有效落实。同时更为重要的是,在推广地方自主性环境治理政策时也要注意根据不同地区的具体特征制定适宜的政策治理目标,适应性调整政策的具体形式,针对性解决不同地区突出的具体污染问题。

第六章　地方自主性环境政策创新的效果评估

第一节　引言

上一章研究了我国地方政府环境治理从被动执行中央环境政策到自主性地方政策创新的演变逻辑，并指出了全面推行地方自主性环境政策的重要意义。这一研究其实隐含着这样的假设：与被动执行中央环境政策相比，地方自主性环境政策能够有效缓解辖区污染问题，乃至解决跨界污染等突出环境治理难题。但事实真的如此吗？即使地方自主性环境政策能够取得比被动执行中央环境政策更加有效的治理效果，在地方自主性环境政策推行的过程中，又有哪些问题值得我们高度重视？与上一章类似，本章同样以河长制作为地方自主性环境政策创新的典型案例，着重评估河长制在地方实践过程中产生的政策效果。本章试图通过这一研究挖掘出地方政府自主推行河长制过程中可能存在的不足，为提升地方自主性环境政策的效果提供进一步优化的方向和路径。

对于一项环境政策而言，其政策效果可能体现在诸多方面，例如对污染的影响、对创新的影响以及对出口的影响等。而评估地方政府自主性环境政策的政策效果，首要在于识别这一政策产生的污染治理效应，即这一政策的实施是否真正使得辖区的污染有所降低。近年来，随着因果识别工具的发展，有不少研究采用双重差分方法评估一项政策的政策效果。这些研究为本章的实证分析提供了有益的参考。例如，在环境政策领域中，有不少研究利用双重差分方法评估了我国 1998 年开始实施的"两控区"政策对产业效率、出口以及居民健康等方面的影响（Jefferson et al., 2013; Hering and Poncet, 2014;

Tanaka，2015）。也有一些研究利用双重差分方法评估了我国"十五"规划和"十一五"规划中关于化学需氧量和氨氮减排要求产生的跨界污染和污染向西迁移等一系列政策效果（Cai et al.，2016；Wu et al.，2017；Chen et al.，2018）。

在上述研究中，政策效果的识别一般来自两个维度的差分：一个维度是地区，另一个维度是时间。以"两控区"政策为例加以说明，双重差分方法的检验思路就是将结果变量在实施"两控区"政策和未实施"两控区"政策的地区取值进行一次差分，然后在此基础上再将"两控区"实施年份前后进行一次差分，由此得到的结果即"两控区"政策产生的因果效应。从因果识别的角度来看，本章研究的河长制政策与"两控区"政策具有一定相似之处，因此本章也通过双重差分方法来识别河长制这项地方自主性环境政策的效果。但是，与"两控区"政策同一时间在全部地区实施不同（这往往是中央环境政策的特征），河长制作为一项地方自主性环境政策创新，其在各地的推行时间取决于各个地方政府自主的选择，因而呈现出较大的差异性。因此，本章在具体实证分析中采用的是渐进性双重差分方法，考虑了这一政策渐进式推行的特点。

第二节　河长制的政策背景与预期效果

一、政策背景

在 2003 年提出科学发展观后，中央政府不断加大环境政策的统筹协调力度，持续加强环境保护部门的职能权限，于 2008 年将国家环境保护总局从国务院的直属单位升格为组成单位。尽管在一系列政策改革的作用下，我国环境污染问题得到了相当程度的缓解。但是，正如本书在第三章和第四章所指出的，在被动执行中央环境政策的背景下，地区间环境规制的策略性行为导致扭曲现象不断出现，致使污染治理效果与理想目标仍相差较远。现实数据也证实了这一点，以水污染为例，截止到 2016 年，在全国 6 124 个地下水监测点中，水质为较差及以下的占比依然达到 60.1%。[①]

为了有效解决辖区的污染问题，一些地区开始自发探索地方环境政策创新，其中比较典型的一项政策就是上一章我们讨论的河长制政策。这项政策发轫于 2007 年暴发的无锡太湖蓝藻危机。这次水源地污染事件造成了严重的社会影响，倒逼无锡当地政府寻找治理水污染的新模式。在被动执行中央环境政策时，地方政府的自主行为空间主要来自央地之间的信息不对称与地方相关部门的职责分离。为了在地方自主性环境政策中应对这些问题，无锡市在推行河长制之初印发的《无锡市河（湖、库、荡、氿）断面水质控制目标及考核办法（试行）》就尤其强调将河流水质监测结果作为考核各市县区党政负责人政绩的重要指标，并且针对各地区延报、谎报以及拒报水质结果的行为，按照相关规定严厉追究责任。[②]

在无锡首次推出河长制这项地方性环境政策创新后，这一政策随后逐渐在全国各地扩散。其扩散的时间路径大致为：

2008 年，河长制政策在江苏太湖流域扩张，全省共计 15 条主要入湖河流全面推行河长制政策。[③] 云南昆明在治理滇池污染时对滇池流域主要入湖河道正式实行河长制。[④] 云南玉溪澄江县对辖区内抚仙湖、阳字海径流区内河道实行河长制。[⑤] 浙江省长兴县对辖区的县级河道水口港实施了河长制。[⑥] 河南周口市出台《周口市河流断面水质控制目标管理办法》，规定各县（市、区）党委、政

---

① 根据中华人民共和国环保部编《2016 年中国环境状况公报》的相关数据计算。

② 中华人民共和国国务院新闻办公室，《"河长制"如何推动"河长治"?》，2016 年 12 月 12 日。

③ 这 15 条河流包括望虞河、大浦港河、社渎港河、漕桥河、太滆运河、梁溪河、太滆南运河、陈东港河、乌溪港河、直湖港河、武进港河、官渎港河、大港河、小溪港河以及洪巷港河。涉及的行政区域包括无锡市、苏州市、常州市以及镇江市。

④ 中国昆明，《"河长制"给滇池治理带来生机》，2009 年 6 月 24 日。

⑤ 玉溪新闻网，《"河长制"带来入湖河道新景象》，2013 年 11 月 6 日。

⑥ 《"河长制"，就要管好河的一切》，《中国水利报》，2014 年 8 月 19 日，第 5 版。

府对辖区内河流实行属地行政首长负责制下的河长制。[①] 辽宁省在全境推行河长制,对行政边界断面水质加大考核力度。[②] 河北省出台《河北省子牙河水系污染综合治理实施方案》,在子牙河水系全面实行河长制,涉及河北省石家庄、邯郸、邢台、衡水以及沧州五市。

2009 年,湖北黄冈市在全省率先推行河长制,对全市范围内长江和遗爱湖等 23 个重点水域实行综合治理。[③] 四川内江市在全川率先推行河长制,将 8 条主要河流纳入河长制管理。[④] 福建三明市大田县出台《大田县人民政府办公室关于均溪、文江流域水环境实行"河长制"管理的意见》,在全省率先实行河长制。[⑤] 贵州省政府出台《关于在三岔河流域实施环境保护河长制的通知》,要求六盘水市、安顺市、毕节地区以及九个县区(水城县、六枝特区、钟山区、西秀区、平坝县、普定县、织金县、纳雍县、威宁县)政府党政主要负责人担任本辖区内三岔河流域主要河流的河长。[⑥] 江苏淮安市出台《中共淮安市委、淮安市人民政府关于全面建立"河长制"加强水环境综合整治和管理的决定》,开始推行河长制。黑龙江省尝试对辖区内的阿什河、安邦河以及呼兰河等多条河流推行河长制。[⑦] 河南漯河市对辖区河流实施河长制。[⑧]

2010 年,连云港化工园区和扬州市开始推行河长制,[⑨]随后越来越多的地区开始实施河长制。截至 2016 年底,共有 8 个省(直辖市)在辖区内全部推行

---

① 《我市实行"河长制"控制河流断面水质》,《周口日报》,2008 年 3 月 21 日,第 A02 版。

② 《辽宁河流全部实行河长制》,《人民日报海外版》,2009 年 5 月 25 日,第 1 版。

③ 《"河长制"能否挽救中国环境危局》,《西部时报》,2009 年 4 月 10 日,第 15 版。

④ 《从太湖走向沱江的"河长制"》,《四川日报》,2010 年 1 月 12 日,第 13 版。

⑤ 林芳坂:《大田:"河长制"守护碧水》,《人民政坛》,2014 年第 11 期。

⑥ 《贵州继续推进三岔河流域环境保护河长制》,《经济信息时报》,2012 年 2 月 29 日,第 A01 版。

⑦ 《黑龙江省治理污染较重河流试行"河长制"》,《中国贸易报》,2009 年 11 月 19 日,第 H04 版。

⑧ 大河网,《网友热议河南"河长制":责任到人,以"河长制"实现河长治》。

⑨ 《连云港化工园区实施"河长制"》,《连云港日报》,2010 年 4 月 25 日,第 1 版;《扬州"河长制"实现全覆盖》,《扬州日报》,2016 年 12 月 14 日,第 A02 版。

河长制,另有 16 个省(直辖市)在辖区内部分推行河长制。在 2016 年底《关于全面推行河长制的意见》中提出 2018 年底全国全面推行河长制的要求后,为了实现这一目标,2017 年各地区纷纷加快了推行河长制的脚步。图 6-1 报告了随着时间的推移,河长制在各地区的演进趋势。其中纵轴表示本章样本中推行河长制的地级市占比。

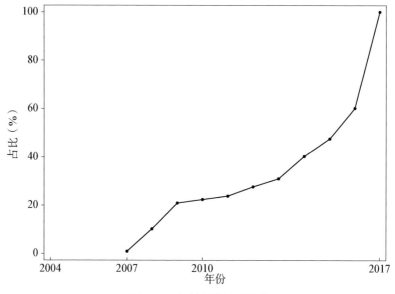

图 6-1 河长制的演进趋势

二、理论分析

虽然河长制是一项地方自主性环境政策创新,但与中央环境政策密不可分。从源头来讲,这项政策起源于河流领导督办制和环保问责制等中央环境政策。这一政策有效落实了地方政府对环境质量负责的基本法律制度,最大程度整合了各级党委政府的执行力。在组织架构上,河长制纵向整合了各级地区行政长官(省委书记、省长、市委书记、市长、县委书记以及县长等),横向协调政府各级部门,使得发改委、环保、水利以及国土等多个涉水部门各有分工、步调一致。从这个角度来看，河长制对解决我国水污染治理难题带来了利好。但同时，不可否认，作为一项地方自主性环境政策，河长制自身也存在一些不足，可能会削弱最终的水污染治理效应。图6-2展示了一个理论框架，对河长制可能产生的水污染治理效应进行分析。

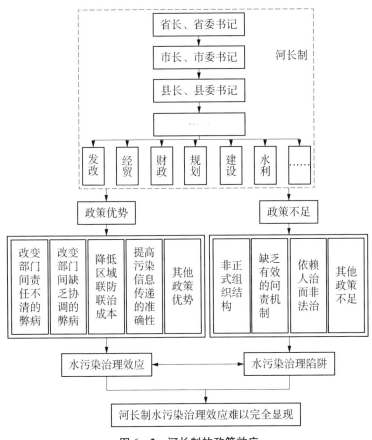

图6-2 河长制的政策效应

从水污染治理效应来看，河长制解决了长期以来水污染治理的痼疾，其优势至少体现在以下方面：(1)河长制的核心是党政领导负责制，这一政策明确了地方政府一把手担任河流污染治理第一责任人的角色，可以解决原来被动执行中央环境政策时地方政府无权监管环保部门的问题,也可以改变过去各个职能部门之间职责不清、相互推诿的弊病。(2)河长制可以解决长期以来水污染治理中各部门缺乏协调的问题。水污染治理涉及多个部门,如发改委、财税、水利、国土等部门。在被动执行中央环境政策的过程中,各个部门之间往往缺乏协调。一旦出现水污染问题,大多互相扯皮推诿,不利于污染治理。河长制推行以后,一旦出现水污染问题,担任河长的地方政府主要官员可以通过威权协调、调度和监督各个部门,大大提高了水污染治理效率。(3)水污染具有区域流动性特征,这导致水污染治理的一个难点是无法完全按照行政区划界定责任。在被动执行中央环境政策时,各地区环境部门一般在流域管理局的指挥下负责各辖区河流污染治理,缺乏地方政府之间的沟通机制。而河长制可以降低行政区域间联防联治的沟通成本,真正做到上下游、左右岸共治。(4)河长制可以降低上级部门获取污染信息的成本。在被动执行中央环境政策时,负责执行的地方政府与负责政策制定和监督的中央政府之间依靠多层级科层体系实现协作,但中间层级过多,容易导致治理的行政成本上升,阻碍治理绩效提升。

不过,河长制本身也存在一些政策不足,可能会使得其无法有效发挥水污染治理效应:(1)河长制未基于现有政府部门中的正式组织结构,河长并非行政序列中的一职。作为一项地方性环境政策,河长制的这一特征几乎是天然存在。由于地方行政长官的精力有限,需要面对地方多样化的治理目标,在长期内难以持续性关注水污染治理。(2)河长制依然缺乏有效的问责机制。一方面,虽然河长制明确了地方一把手对水污染治理负总责,但在实际操作层面,问责主体要么是下级(环保部门),难以公正评核;要么是上级,出于承担连带责任的顾忌,也很难保证问责的公正性。另一方面,河长制只是明确了地方一把手负总责,对具体部门需要承担的责任缺乏较为明晰的界定。在河长制推行的过程中可能会出现现有职责部门将全部责任推给河长的情况。(3)作为一项地方性环境政策,河长制可能出现行政过度干预的情况,致使水污染治理产生行政权依赖,更多依赖于人治而非法治,长期来看,很可能会存在"人走政息"的问题。即使在短期,河长制的治理效果也十分依赖于地方行政长官,具有较大的不确定性,如果河长认真履职,可以促进流域和湖泊的水污染治理;如果河长不认真履职,河长制的设立就会形同虚设,和过去被动执行中央环境政策时存在的监管体制没有两样,水污染问题仍然难以得到根治。[①]

第三节　实证策略

一、计量模型

评估河长制的政策效应,面临的最大挑战来自政策的内生性问题以及其他同时性政策的干扰。为了排除伪相关的可能性,本章基于 2007 年以后河长制在我国多个地区逐步推进的特征,采用渐进双重差分法进行估计。与前一章的研究类似,我们同样以国控监测点为基本研究单元。其中,受河长制影响的监测点为实验组,同期未受到河长制影响的监测点为控制组。河长制的渐进式推进一方面产生了同一个监测点在河长制实施前后的差异,另一方面又产生了同一时点上受影响的监测点与未受影响的监测点之间的差异,基于这种双重差异形成的估计可以有效控制其他同时性政策的影响,更重要的是,也可以控制受影响监测点和未受影响监测点的事前差异,进而识别出河长制真实的政策效应。[②]

基准估计方程设定如下:

$$Pollutant_{it} = \beta Hezhangzhi_{it} + \lambda X_{it} + \alpha_i + \gamma_t + \varepsilon_{it} \qquad (6-1)$$

其中,i 和 t 分别表示监测点和年份,$Pollutant_{it}$ 表示水污染指标,X_{it} 是控

---

① 这是依赖人治的一个显性问题。除此之外,可能还会存在一个隐性问题,在现行行政层级下,如果上级负责的河流水污染治理效果不佳,下属很可能缺乏有效的激励去治理其负责的河流,比如副市长负责的河道,其治理效果可能会参照市委书记、市长负责的河道。如果上级治理乏力,就会引发下级官员水污染治理不逮的连锁效应。

② 梅耶(Meyer, 1995)对这一方法进行了较为详细的讨论,国内外学者也采用该方法进行了大量的实证研究。

制变量,包括人均 GDP、GDP 增长率、夜间灯光亮度以及气温。其中,人均 GDP 和 GDP 增长率是监测点所对应城市的数据,位于城市边界的监测点取相邻两个城市的均值,夜间灯光亮度是以监测点为中心,半径为 5 000 米的缓冲区的灯光亮度,气温是距离监测点最近的气象站测度的气温。α_i 是监测点固定效应,将其加入回归方程中可以控制各个监测点之间不随时间变化的差异。γ_t 是时间固定效应,将其加入回归方程中可以控制随时间变化各个监测点面临的共同冲击,ε_{it} 是误差项。$Hezhangzhi_{it}$ 是本章回归分析主要关注的变量,表明监测点 i 在年份 t 是否受到河长制政策的影响。若受到河长制影响,该变量取值为 1,若未受到河长制影响,该变量取值为 0。考虑到可能存在序列相关性和异方差,在实证分析中我们将标准误聚类至监测点层面。

二、数据

为了严谨地识别河长制的水污染治理效应,本章收集整理了如下数据。

第一,水污染数据。本章使用的数据是 2004—2010 年 497 个国控断面监测点报告的水污染数据,数据覆盖区域与第五章使用数据的覆盖区域相同,囊括了中国全部主要水系。水污染数据包括 8 个分项指标和 1 个综合指标。其中,分项指标包括溶解氧(DO)、化学需氧量(COD)、五日生化需氧量(BOD)、氨氮(NH)、石油类($petroleum$)、挥发酚($phenol$)、汞($mercury$)以及铅($lead$)。综合指标是水质($watergrade$),分为 6 个等级:一类、二类、三类、四类、五类以及劣五类,依次表示水污染越来越严重。该数据来自历年《中国环境年鉴》。

第二,河长制演进数据。为了识别各个监测点是否受到河长制推行的影响,以及如果受到影响,具体在哪一年开始受到影响,我们首先根据《中国环境年鉴》中各个监测点的地址获得其对应的经纬度指标,将其呈现在中国地级市地图上,从而将各个监测点与各地级市匹配起来。① 其次,我们主要通过网络搜

---

① 我们还将各监测点与中国县级行政区域地图进行匹配获得每个监测点所属的县级单元。但是,在本章的样本期内,自主推行河长制的三个县(澄江县、长兴县以及大田县)所辖行政区域内并无匹配的监测点,因此本章中所有的监测点都是与对应的地级市匹配起来的。

寻的方式检索各地区发布的官方文件，手工整理了各地级市是否推行河长制，以及如果推行，具体在哪一年开始推行河长制的信息，从而识别对应监测点受河长制影响的信息。为了进一步验证我们收集的各地区推行河长制时间的准确性，我们还通过"中国知网"检索关键字为"河长制"的新闻报道，根据这些材料再次手工整理各地区实施河长制的时间，并与之前的结果进行交叉比对。

第三，控制变量数据。回归方程中的控制变量包括人均 GDP、GDP 增长率、城市蔓延度、气温。其中人均 GDP 和 GDP 增长率的数据来源于《中国区域经济统计年鉴》，刻画城市蔓延度的夜间灯光数据来自美国国防气象卫星计划报告的影像数据，气温数据来自中国气象科学数据共享服务网，将各监测点与最近的气象站进行匹配，获得各监测点附近的气温。

本章的样本期间限定在 2004—2010 年，原因是：(1)为了检测河流污染，我国中央政府在 2004 年才开始大规模扩大其国控监测站点，在此之前，缺少遍及全国的监测站点水污染数据，因此研究期从 2004 年开始；(2)《中国环境年鉴》在 2010 年以后不再公开详细的监测点水污染数据，因此研究期截止到 2010 年。尽管由于数据限制，我们不能获得更长时间段的数据来研究河长制的政策效应，但由于河长制在 2007 年就首次在无锡推行，随后的几年陆续被全国多个地区采用，因此将研究期限定为 2004—2010 年已经能够捕捉政策推行在时空上的差异性，从而识别出河长制的政策效应。表 6-1 报告了本章主要变量的描述性统计结果。

表 6-1　主要变量的描述性统计

变量	变量含义	样本量	均值	标准差	最小值	最大值
DO	溶解氧(mg/L)	3 377	7.290	2.050	0	38
COD	化学需氧量(mg/L)	3 377	6.750	10.970	0	195.400
BOD	五日生化需氧量(mg/L)	3 377	5.620	14.290	0	251
NH	氨氮(mg/L)	3 377	2.140	5.280	0	54.850
petroleum	石油类(mg/L)	3 377	0.110	0.300	0	4.910
phenol	挥发酚(mg/L)	3 377	0.010	0.030	0	1.070
mercury	汞(μg/L)	3 377	0.030	0.090	0	3.080
lead	铅(mg/L)	3 377	0.010	0.010	0	0.340

续　表

变量	变量含义	样本量	均值	标准差	最小值	最大值
watergrade	水质,分为 6 个等级	3 375	3.500	1.580	1	6
Hezhangzhi	所在地级市是否推行河长制	3 377	0.080	0.260	0	1
gdpp	人均 GDP	3 377	2	1.810	0.290	28.250
gdpg	GDP 增长率	3 377	0.140	0.030	−0.360	0.330
light	夜间灯光亮度	3 377	1 846	1 951	0	8 326
temperature	气温	3 377	13.680	5.320	−3.900	25.400

第四节　河长制的政策效果及分析

一、平行趋势检验

图 6-3 报告了化学需氧量和溶解氧两个主要变量的平行趋势检验结果。可以发现,在河长制最早开始推行的 2007 年之前,处理组和控制组中这两项水

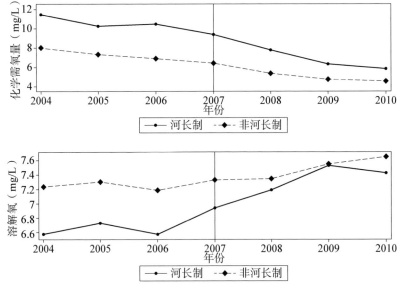

图 6-3　2004—2010 年水污染分项指标变化趋势

污染指标的变化趋势基本一致,满足事前平行趋势的假定。

二、基准回归结果

首先进行基准回归分析。尽管我国政府在水污染治理中较多关注化学需氧量(COD),但是,多数地区在自主推行河长制时并未设定精准的水污染治理目标。因此不同于卡恩等(Kahn et al., 2015)和陈钊等(Chen et al., 2018)选择 COD 作为水污染的主要代理变量,本章在基准回归中选择各项水污染指标作为被解释变量,结果见表 6-2。其中,奇数列报告了不加入控制变量的回归结果,可以发现河长制显著提升了水中的溶解氧(DO),且这一影响效应通过了 1% 水平的显著性检验。由于溶解氧越少表示水污染越严重,这一结果说明河长制一定程度上降低了水污染。同时,我们还发现河长制对表征水污染的其他指标(与水污染正相关的指标)虽然存在负向影响,但是均未通过至少 5% 水平的显著性检验。这一结果说明在地方政府自主推行期间,河长制并没有全面改善水污染。

采用双重差分法进行估计的前提是政策实施是随机的,或者即使政策不是随机的,也要与误差项无关。然而,作为一项地方自主性环境政策,河长制自然是地方政府综合决策的结果。因此,这一政策在哪里推行很难说是完全随机的。但尽管如此,河长制在各个地区非随机推行也不会对本章针对政策效应的因果识别构成太大挑战。原因是:一方面,虽然河长制在哪个地区推行存在自选择问题,但是在时间维度上仍然存在一定程度的随机性。例如,无锡 2007 年推行河长制源于当年突然暴发的太湖蓝藻危机,而昆明 2008 年推行河长制源于时任市委书记 2007 年底从江苏调任至昆明。这些事件相对推行河长制的地区而言具有较大的外生性。另一方面,即使河长制在各地区非随机推行,只要在加入随时间变化的控制变量、地区以及时间固定效应后,河长制是否在各地区推行与地区间水污染差异无关的识别假设成立,就不会对基于双重差分的识别策略造成干扰。为了使得这一识别假设令人信服,我们在回归模型中加入地区和时间固定效应后进一步加入控制变量,表 6-2 的偶数列报告了加入控制

表 6 - 2 基准回归结果

	(1) DO	(2) DO	(3) COD	(4) COD	(5) BOD	(6) BOD	(7) NH	(8) NH	(9) petrol-eum	(10) petrol-eum	(11) phenol	(12) phenol	(13) mercury	(14) mercury	(15) lead	(16) lead
							被解释变量									
Hezhan-gzhi	0.372***	0.369***	−1.860	−1.968	−3.941*	−3.792	−0.418	−0.372	−0.022	−0.015	−0.002	−0.001	−0.017	−0.018	0.001	0.001
	(0.136)	(0.138)	(1.707)	(1.729)	(2.240)	(2.302)	(0.365)	(0.396)	(0.033)	(0.036)	(0.002)	(0.002)	(0.013)	(0.014)	(0.001)	(0.001)
控制变量	无	有	无	有	无	有	无	有	无	有	无	有	无	有	无	有
年份固定	有	有	有	有	有	有	有	有	有	有	有	有	有	有	有	有
地区固定	有	有	有	有	有	有	有	有	有	有	有	有	有	有	有	有
样本量	3377	3377	3377	3377	3377	3377	3377	3377	3377	3377	3377	3377	3377	3377	3377	3377
R^2	0.799	0.799	0.730	0.731	0.714	0.717	0.881	0.882	0.584	0.587	0.466	0.466	0.400	0.401	0.749	0.750

注：括号中是聚类到监测点点层面的标准误；地区固定效应是监测点层面的固定效应；控制变量包括人均 GDP，GDP 增长率，夜间灯光亮度以及气温。*，**和***分别代表在 10%，5%和 1%的水平统计显著。

量的回归结果。可以发现上述结论仍然成立。不过在加入控制变量之后,河长制对溶解氧的影响系数略微下降。具体而言,在样本期内,河长制使得溶解氧平均上升了 0.369 个单位。在本章使用的样本中,溶解氧的平均值是 7.290。由此可见,河长制提升了水中的溶解氧达 5.06%,这是一个相当大的政策效应,说明地方自主性环境政策创新确实能够产生一定程度的污染治理效果。

为什么河长制显著提升了水中的溶解氧,但是又未能显著降低其他表征水污染的指标? 在回答这个问题之前首先需要厘清溶解氧与其他水污染指标存在的差异。COD 与 BOD 指标类似,都表示分解水中有机污染物所需的氧气。这两个指标的值越高,说明水中的有机污染物越多。但是水中的污染物并不全部是有机污染物,还有氨氮、石油类、挥发酚、汞以及铅等其他类型的水污染物。与这些指标不同,溶解氧既不是水污染物本身,也不是直接刻画水污染程度的变量。只是水污染物会消耗水中溶解氧,并且影响水体与空气的氧气交换,阻碍水生植物的光合作用,从而降低水中的溶解氧,引致水体产生发臭发黑的现象。[①] 与降低水中的污染物相比,增加水中的溶解氧更加快捷高效,具体的手段包括清淤、打捞蓝藻、安装增氧机等。由于大水面作用是溶解氧的主要来源,因此通过清淤加快水体流动以及通过打捞蓝藻增加水体曝气面积均可以有效增加水中溶解氧,改善水体的缺氧环境,一定程度消除水体发臭发黑的现象(李艳红等,2013)。因此,河长制可能通过清淤和打捞蓝藻等方式增加了水中的溶解氧,一定程度上消除了水体发臭发黑的问题,但是还未显著降低水中的各类深度污染物。[②]

上述结果表明,作为一项地方性环境政策创新,尽管河长制在地方的实践

[①] 水中的溶解氧不足是水体发臭发黑的直接原因,而水中的各种污染物是造成水体黑臭的根源。当水中由于溶解氧不足变为缺氧环境,厌氧微生物分解有机物产生大量臭味气体逸出水面进入大气,致使水体黑臭(姜伟和黄明,2012)。

[②] 事实上,这一解释得到了各地区推行河长制的过程中关于水污染治理方式以及治理效果的佐证。在治理方式上,例如,整个太湖流域每年花费 7 000 万元,用于每天打捞蓝藻。在治理效果上,例如,天津市在报道河长制效果时强调感官水质改善和环境卫生达标。

进程中产生了一定的污染治理效果,但仍然存在政策效能的提升空间。地方政府在推行自主性地方环境政策时可能存在粉饰性治污行为。原因是:第一,根据霍姆斯特龙和米尔格罗姆(Holmstrom and Milgrom, 1991)提出的多任务委托—代理模型,当代理人面临的工作具有多个目标时,由于委托人对于不同目标的监督能力不同,代理人往往倾向于完成容易监督(测度)的目标,忽视那些不容易监督(测度)的目标。地方政府通过打捞蓝藻、清除垃圾等方式治理水污染,可以取得显而易见的感官治理效果。水中的深度污染物如果未达到十分严重的程度,由于公众识别能力较弱,治理水污染的需求并不足(Greenstone and Hanna, 2014; He and Perloff, 2016),地方政府缺乏治理水中深度污染物的激励。第二,基层地方政府虽然自主推行河长制这一地方性环境政策,但依然具有促进辖区经济增长的动力或压力,这往往会促使地方政府既选择推行地方性环境政策,又在推行过程中降低治理力度,总体上采取象征性的治污策略。这样的治污策略在为地方政府获得较好的环境治理评价的同时,又不会对经济增长形成明显冲突,对于地方政府来说可谓是明智的选择。事实上,类似的逻辑在其他领域也屡见不鲜。例如,有研究就发现我国上市公司偏向于公布低质量的企业社会责任报告,以此达到"名利双收"的目的(Luo et al., 2017)。

上述回归结果发现,河长制产生了初步的水污染治理效应,但是还未显著降低一系列深层次的水污染物。为了进一步验证这一结果,我们将被解释变量换成水质(分成6个等级)再次进行回归。可以预期的是,在本章研究的样本期内,如果河长制只是通过清淤或打捞蓝藻等手段增加了污染水体中的溶解氧,那么这一政策应该也不会对综合水质产生显著的影响。需要指出,本章采用的水质指标(*watergrade*)是根据《地表水环境质量标准》(GB3838—2002)除水温、总氮、粪大肠菌群外的21项指标评价各项指标的水质类别后,按照单因子方法提取的水质类别最高者。

表6-3报告了河长制对综合水质影响的系数估计结果,参考拉费拉拉等(La Ferrara et al., 2012)的研究,我们控制了不同形式的地区固定效应。可以

发现,河长制的确没有显著改善综合水质,甚至在不控制地区固定效应和控制水系固定效应时,河长制还对综合水质产生了统计显著的不利影响。

表 6 - 3　河长制对综合水质的影响

	watergrade				
	(1)	(2)	(3)	(4)	(5)
Hezhangzhi	−0.036	0.794***	−0.044	0.525***	−0.021
	(0.071)	(0.178)	(0.073)	(0.144)	(0.077)
控制变量	无	有	有	有	有
年份固定效应	有	有	有	有	有
地区固定效应	监测点	无	监测点	水系	县
样本量	3 375	3 375	3 375	3 375	3 375
R^2	0.894	0.070	0.895	0.326	0.829

注:括号中是聚类到监测点层面的标准误;控制变量包括人均 GDP、GDP 增长率、夜间灯光亮度以及气温;*、** 和 *** 分别代表在 10%、5% 和 1% 的水平统计显著;监测点对应的水系根据《中国环境年鉴》得到;监测点对应的县域行政单位根据其经纬度坐标与中国县级行政区域地图匹配得到。

三、双重差分模型的识别假定检验

如前文所述,本章采用双重差分方法进行因果识别基于一个关键的识别假设:在加入时间固定效应、地区固定效应以及控制变量后,河长制在地区之间是否推行的差异与政策实施前地区之间水污染的差异不存在系统相关性。为了增加本章结论的可信度,我们进一步对该识别假定进行如下检验。

(一) 事件分析

为了排除上文发现的河长制的初步水污染治理效应受到其他因素干扰的可能,我们遵循雅各布森等(Jacobson et al.,1993)的研究思路,设计一个事件分析的研究框架对河长制推行前和推行后每一年的水污染治理效应进行识别。具体采用如下回归方程:

$$DO_{it} = \beta_{-3}D_{-3} + \beta_{-2}D_{-2} + \beta_{-1}D_{-1} + \beta_0 D_0 + \beta_1 D_1 + \beta_2 D_2 + \beta_3 D_3 +$$
$$\lambda X_{it} + \alpha_i + \gamma_t + \varepsilon_{it}$$

$$(6-2)$$

其中，D_0 是河长制开始推行年份的虚拟变量，D_{-s} 是河长制推行前第 s 年的虚拟变量，D_{+s} 是河长制推行后第 s 年的虚拟变量，$s = 1, 2, 3$。需要注意的是，河长制并非同时在所有地区开始推行，对不同的地区而言，D_0 表征不同的年份。我们选取河长制推行前三年和推行后三年进行研究，省略了推行前四年以上的年份。因此，这里识别的河长制的政策效应是以政策实施三年以前作为基准的。

图 6-4 报告了估计参数 $\{\hat{\beta}_{-3}, \hat{\beta}_{-2}, \hat{\beta}_{-1}, \hat{\beta}_0, \hat{\beta}_1, \hat{\beta}_2, \hat{\beta}_3\}$ 的大小及其对应的 95% 置信区间。可以发现，河长制推行前年份虚拟变量的估计系数均未通过 5% 水平的显著性检验。这说明至少在河长制开始推行的前三年，受河长制影响的处理组和未受河长制影响的处理组具有相同的时间趋势。在政策实施前，受河长制影响的处理组相比控制组并未出现溶解氧的显著上升。与此同时，一旦在河长制实施以后，估计系数就开始变得统计显著，并且呈现逐年增加的趋势。因此，可以相信本章采用的识别策略是可信的，否则如果溶解氧上升并非

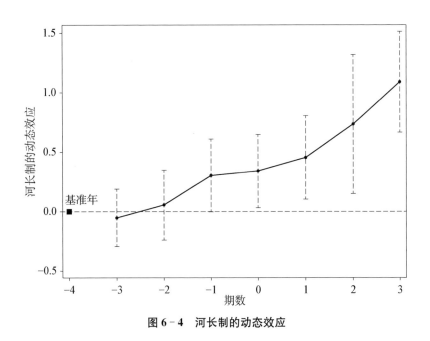

图 6-4 河长制的动态效应

河长制政策效应的体现,很难解释为什么一旦在河长制实施以后,河长制的政策效应就开始具有统计显著性。

（二）结构断点检验

我们进一步参考格林斯通和汉娜（Greenstone and Hanna，2014），采用时间序列分析中常用的结构断点检验方法验证本章识别策略的可靠性。该检验包括两个步骤:(1)假定每个年份为政策实施期,对估计得到的政策效应进行 F检验;(2)在每个年份对应的 F 检验值中挑选最大者,得到匡特似然比统计量,从而判断是否存在结构断点。图 6-5 报告了结构断点检验结果。可以发现,最大的 F 值发生在期数为 2 的时候。根据格林斯通和汉娜（Greenstone and Hanna，2014)的标准,如果未能在样本期间发现结构断点或者发现的结构断点在政策实施之前,那么说明双重差分的识别策略存在问题。如果结构断点在政策实施之后,则说明双重差分的识别策略是可靠的。由此可见,本章的识别策略是可靠的。

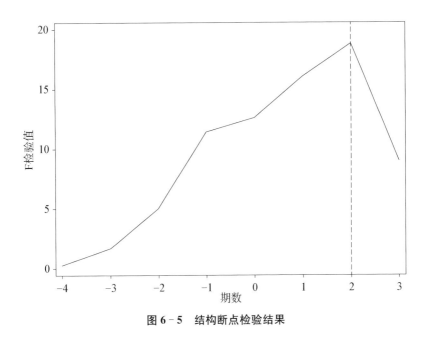

图 6-5 结构断点检验结果

（三） 选择问题处理

在前文中,我们指出尽管河长制在哪一个地区推行是非随机的,但推行的时间依然具有一定程度的随机性。这里我们进一步检验河长制的推行时间是否与样本初期各个地区的水污染状况相关。具体地,我们估计如下的回归方程:

$$Hezhangzhi\_Year_i = \kappa DO_i^{2004} + \lambda X_i^{2004} + \eta_i \qquad (6-3)$$

其中,$Hezhangzhi\_Year_i$ 表示监测点 i 开始受到河长制影响的年份,DO_i^{2004} 是监测点 i 的溶解氧值,X_i^{2004} 是控制变量。样本为 2004 年的截面数据,η_i 是误差项。我们在式(6-3)中加入省级和水系固定效应分别进行估计,并分别将标准误聚类至省级和水系层面。回归结果如表 6-4 所示。其中,列(1)和列(4)分别报告了不控制地区固定效应,不加入控制变量和加入控制变量时的回归结果。可以发现,溶解氧的估计系数均显著为正,表示水污染越不严重的地区越晚推行河长制政策。列(2)、(3)、(5)以及(6)分别报告了控制省份或水系固定效应的估计结果。可以发现,一旦控制了地区固定效应,溶解氧与河长制开始推行年份之间的关系就变得不再统计显著。这充分说明,本章的识别策略并没有明显受到政策非随机的干扰。

表 6-4 河长制推行可能存在的选择偏误检验结果

	Hezhangzhi_Year					
	(1)	(2)	(3)	(4)	(5)	(6)
DO	0.085***	0.027	0.036	0.066**	0.024	0.041
	(0.027)	(0.024)	(0.032)	(0.027)	(0.021)	(0.033)
控制变量	无	无	无	有	有	有
地区固定效应	无	省份	水系	无	省份	水系
样本量	104	104	104	104	104	104
R^2	0.108	0.774	0.582	0.304	0.800	0.632

注:同表 6-2。

（四） 安慰剂检验

为了进一步排除本章主要结果受到遗漏变量影响的可能,我们参考切蒂等(Chetty et al.,2009)和拉费拉拉等(La Ferrara et al.,2012)的研究思路,通过随机选择河长制实施的年份以及随机选择受到河长制影响的监测点进行安慰剂检验。表6-5给出了2004—2010年对应各个年份开始受河长制影响的监测点数量。其中,河长制在2007年首次在无锡市推行,当年有4个监测点受到影响,2008年有45个监测点受到影响,2009年有52个监测点受到影响,2010年有4个监测点受到影响。

表6-5　2004—2010年各年开始受河长制影响的监测点数

年　份	开始受河长制影响的监测点数
2004	0
2005	0
2006	0
2007	4
2008	45
2009	52
2010	4

由于双重差分方法在应用时需要样本至少包括政策实施的前一年和后一年,因此我们在2005—2009年间随机选择某一年。在此基础上,再随机选择受河长制影响的监测点作为处理组。具体过程如下:

考虑 t_1, t_2, t_3, t_4 是从2005—2009年中随机选取的年份,然后在 t_1 年,随机选取4个监测点进入处理组;在 t_2 年,从 t_1 年的控制组中随机选取45个监测点进入处理组;在 t_3 年,从 t_2 年的控制组中随机选取52个监测点进入处理组;在 t_4 年,从 t_3 年的控制组中随机选取4个监测点进入处理组。可以预期,如果确实是河长制这一地方自主性环境政策显著提升了水中的溶解氧,则随机选择河长制推行年份以及受影响的监测点后,通过双重差分方法识别出的政策效应理论上应该趋近于0且不存在统计显著性,否则说明前文得出的主要结果仍然受到遗漏变量或者模型误设的影响。

为了提高安慰剂检验的可信度,我们采用本章基准回归的设定形式和以上随机选择的样本,重复进行 500 次回归,得到的河长制政策效应的系数估计结果分布见图 6-6。从中可以看出,安慰剂检验估计的 500 次估计系数随机分布在 0 附近,而基准回归估计得出的估计系数(0.369,见图 6-6 中平行于 y 轴的线)完全位于整个系数分布之外,说明前文发现的河长制对溶解氧的政策效应是真实存在的,并未受到遗漏变量等因素的干扰。

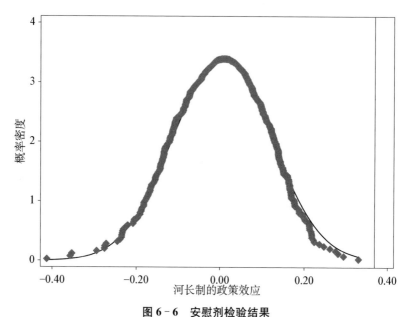

图 6-6　安慰剂检验结果

四、其他稳健性检验

在对本章实证分析的识别假定进行检验后,我们还展开了如下一系列稳健性检验。

首先,基于双重差分模型的分析框架,针对河长制的初步水污染治理效应进行稳健性检验。

（1）进一步控制可能会影响水污染的变量。具体地,根据卡斯蒂格里奥等(Castiglione et al., 2012)的研究,我们在回归模型中加入产业结构、财政分权、人口密度、失业率以及平均工资等控制变量,数据来源于历年《中国城市统计年鉴》。表6-6中列(1)报告了对应的回归结果,可以发现河长制的初步水污染治理效应仍然成立,并且估计系数大小与基准回归保持一致。

（2）为了解决河长制推行可能存在的内生性问题,参考谭之博等(2015)的研究思路,我们采用同时推行河长制和完全未推行河长制的样本进行回归分析。具体地,选取一省内部所有受到河长制影响的监测点为处理组,同时期完全没有受到河长制影响的监测点为控制组。在此基础上进行稳健性检验,表6-6中列(2)报告了对应的回归结果,可以发现,本章的基准结论依然成立。

（3）借助赫克曼等(Heckman et al., 1997,1998)提出并发展起来的PSM—DID方法先筛选对照组,再基于双重差分模型展开回归分析。PSM—DID方法的基本思路是在对照组中找到某个监测点 j ,使得 j 与处理组中监测点 i 的可观测变量尽可能匹配,即 $X_i \approx X_j$ 。当监测点个体特征对是否推行河长制的作用完全受到可观测控制变量的影响时,由于监测点 j 与 i 受河长制影响的概率相近,因而可以相互比较。我们采用一对一匹配的方法,同时采用 logit 回归估计倾向得分。表6-6中列(3)报告了对应的回归结果,可以发现本章基准结论依然成立。

（4）为了排除基准回归的结果受到潜在异常值的影响,我们基于被解释变量5%～95%分位点的数据再次进行回归,表6-6中列(4)报告了对应的回归结果,可以发现,本章结论依然保持稳健。

（5）基准回归还存在一个潜在的问题,即水污染指标可能对河长制推行存在反向影响,导致河长制政策效应的系数估计结果存在偏误。为了排除这一干扰,我们将所有解释变量滞后一期进行稳健性检验。表6-6中列(5)报告了对应的回归结果,可以发现本章的结论依然成立。

（6）考虑到不同水系的水污染随时间推移可能呈现差异化的变动趋势,例

表 6 - 6　稳健性检验结果

				DO				
	(1)	(2)	(3)	(4)	(5)	(6)	(7)	(8)
Hezhangzhi	0.285**	0.667***	0.356**	0.278***	0.313**	0.251*	0.369**	0.369***
	(0.140)	(0.233)	(0.139)	(0.108)	(0.159)	(0.142)	(0.159)	(0.082)
控制变量	有	有	有	有	有	有	有	有
年份固定效应	有	有	有	有	有	有	有	有
地区固定效应	有	有	有	有	有	有	有	有
水系-年份固定效应	无	无	无	无	无	有	无	无
样本量	2910	2956	3212	3043	2857	3377	3377	3377
R^2	0.803	0.782	0.798	0.796	0.848	0.815	0.799	0.799

注:括号内是聚类到监测点层面的标准误;*,** 和 *** 分别代表在 10%,5% 和 1% 的水平统计显著;控制变量均包括人均 GDP,GDP 增长率,夜间灯光亮度以及气温,人口密度,失业率以及平均工资。列(1)进一步控制了产业结构,财政分权,人口密度,失业率以及平均工资。

如不同水系的枯水期和丰水期不同。[①] 我们在加入监测点固定效应和年份固定效应的基础上进一步加入"水系—年份"的联合固定效应,以控制不同水系特异性的时间冲击。这相当于在此准实验中,只对同一水系内的不同监测点进行对比。表 6-6 中列(6)报告了对应的回归结果,可以发现,本章的基准结论依然成立。

(7) 考虑残差项可能存在的空间相关性,我们参考加利亚尼等(Galiani et al., 2005)的做法,将标准误聚类到"河流—年份"层面进行检验。结果见表 6-6 中列(7),可以发现本章基准结论依然成立。

(8) 参考卡恩等(Kahn et al., 2015)的做法,进一步采用康利(Conley, 1999)提出的允许残差项存在空间相关性的空间 HAC 标准误进行检验。空间 HAC 标准误需要先验地设定空间相关的范围和序列相关的阶数,我们设定 5 千米范围内空间相关,滞后一期序列相关,结果见表 6-6 中列(8),可以发现本章的基准结论依然成立。[②]

其次,为了进一步加强本章主要结论的可信度,我们参考郭士祺(Guo, 2017)的做法,不先验地假定河长制是"因"还是"果"。而是选择脱离双重差分方法的识别框架,将河长制与水污染放入一个系统中,采用面板 VAR 模型估计河长制这一政策冲击给水污染带来的影响。参考阿布里戈和洛夫(Abrigo and Love, 2016)的研究,构建如下面板 VAR 模型:

$$Hezhangzhi_{it} = \alpha_{0t} + \sum_{l=1}^{m} \alpha_{lt} Hezhangzhi_{it-l} + \sum_{l=1}^{m} \beta_{lt} DO_{it-l} + X'_{it}\gamma + u_i + e_{it}$$

$$(6-4)$$

$$DO_{it} = \alpha_{0t} + \sum_{l=1}^{m} \alpha_{lt} DO_{it-l} + \sum_{l=1}^{m} \beta_{lt} Hezhangzhi_{it-l} + X'_{it}\gamma + u_i + e_{it}$$

$$(6-5)$$

---

① 南北方的河流水文特征就有很大差别,比如与南方河流相比,北方河流夏季水丰富且冬季水干涸,季节变化更加明显。

② 为避免结果受到主观设定的干扰,我们还分别设定空间相关范围为 50 千米和 100 千米,与滞后一期和两期序列相关组合起来计算标准误,发现结论基本不变。

其中，i 表示监测点，t 表示年份。$Hezhangzhi$ 表示监测点是否受到河长制的影响，DO 表示监测点报告的溶解氧水平。l 表示滞后的阶数，X 表示外生变量，包括 GDP 增长率、人均 GDP、夜间灯光亮度以及气温。u_i 表示面板固定效应，e_{it} 表示序列特异误差项。α、β 以及 γ 是待估参数，我们采用 GMM 方法估计这些参数。在具体估计时，设定 $l = 1$，并且采用滞后两期的变量作为 GMM 估计的工具变量。面板 VAR 的估计结果见表 6 - 7,可以发现，河长制对溶解氧存在显著的正向影响，与前文基于双重差分模型识别的结果相一致。

表 6 - 7　面板 VAR 模型估计结果

	(1)	(2)
	DO	$Hezhangzhi$
DO_{-1}	−0.141**	0.005
	(0.065)	(0.004)
$Hezhangzhi_{-1}$	0.559**	−0.053***
	(0.262)	(0.017)
$gdpg$	−20.843*	1.833*
	(11.073)	(0.965)
$gdpp$	0.360	0.077*
	(0.357)	(0.046)
$temperature$	4.024***	0.167
	(1.514)	(0.120)
$light$	0.001***	0.001**
	(0.000)	(0.001)
样本量	2 355	2 355
组数	487	487

注:括号中报告的是聚类到监测点层面的标准误;DO_{-1} 表示滞后一期的溶解氧，$Hezhangzhi_{-1}$ 表示滞后一期的河长制推行哑变量,$gdpg$ 表示 GDP 增长率,$gdpp$ 表示人均 GDP,$temperature$ 表示气温,$light$ 表示夜间灯光亮度;＊＊＊、＊＊、＊分别表示在 1%、5%、10%的水平显著。

在面板 VAR 模型中，解释某一个变量的参数估计值比较困难。因此我们进一步分析面板 VAR 模型的脉冲响应函数。具体地，基于 Cholesky 残差的方差—协方差矩阵分解，使得模型的误差项正交化，借助 GMM 估计得到各个变量的脉冲响应函数图,再根据蒙特卡洛模拟得到 95% 置信水平的置信区间。

图 6-7 报告了河长制与溶解氧的脉冲响应函数图。其中,横轴是脉冲响应分析的期数(5 年),纵轴是溶解氧(DO)对推行河长制的响应程度。图 6-7 中的中间实线表示脉冲响应函数的轨迹,阴影部分则表示 95% 水平的置信区间。可以发现,即使更换模型对河长制的初步水污染治理效应进行检验,仍然能够发现河长制存在显著的初步水污染治理效应。

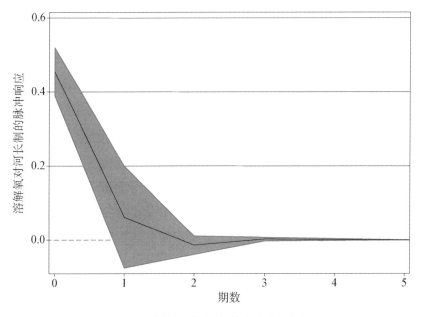

图 6-7　溶解氧对河长制的脉冲响应函数图

再者,我们针对河长制并未显著降低水中深度污染物这一结论进行检验。考虑到水污染治理见效可能存在较长的滞后期,在本章的基准回归中,我们并未发现河长制对水中深度污染物产生的影响,可能仅仅是由于本章采用的样本期偏短,河长制对水污染的全面治理效应还未完全表现出来。

　　为了避免这一因素对本章主要结论造成干扰,我们基于 2006—2016 年 150 个自动监测点的非平衡面板数据,从更长的时期对河长制的污染治理效应进行评估。我们借助 Python 从中国环境监测总站爬取了 2006—2016 年水质自动监测周报,根据周报数据计算得到各监测点 2006—2016 年水污染指标的年平均值,最终形成 2006—2016 年 150 个监测点的非平衡面板数据。其中,有部分水质监测站的点位名称在不同年份并不完全一致(如点位名称为"岗南水库入口"和"岗南水库"的监测点实际上是相同的监测点),简单的匹配可能会将它们识别为不同的监测点。因此,在数据整理过程中,我们仔细进行了手工校对,将实际上的同一点位在不同年份的点位名称进行了统一。

　　表 6-8 报告了基于 2006—2016 年样本的实证结果。可以发现,即使采用 2006—2016 年 150 个监测点的新样本,在地方实践过程中,河长制也未能显著降低水中的深度污染物,实现水质的全面改善。[①] 考虑到我国地方政府在治理化学需氧量上具有丰富经验(Chen et al., 2018),并且在"十一五"规划的短短五年期间就超额完成了 10% 的化学需氧量(COD)减排任务,[②]有理由相信,河长制这一地方自主性环境政策并未显著降低水中的深度污染物,并不是减少化学需氧量等深度污染物的治污任务过于困难所致,更可能是治标不治本的治污行为所致。因此,一方面要认识到河长制作为一项地方自主性环境政策在实践过程中的积极意义(产生初步水污染治理效应),另一方面也不应回避河长制这项地方自主性环境政策依然存在的不足。

---

① 为进一步验证该结论的稳健性,我们还提取了 2006—2016 年的平衡面板数据(83 个监测点)再次进行回归,发现结论仍然成立。并且,考虑到 2006—2016 年自动监测点与 2004—2010 年国控监测点有不少重合的站点,我们将两套数据进行组合,构造 2004—2016 年 150 个自动监测点的非平衡面板数据和平衡面板数据,再次进行回归,结论依然保持不变。

② 《环境保护部公布 2010 年度及"十一五"全国主要污染物总量减排考核结果》。

表 6-8　基于 2006—2016 年 150 个监测点样本的稳健性检验结果

	COD		NH		watergrade		inferior_V	
	(1)	(2)	(3)	(4)	(5)	(6)	(7)	(8)
Hezhangzhi	0.675	0.503	−0.016	0.059	0.005	−0.060	−0.001	−0.031
	(0.782)	(0.758)	(0.161)	(0.173)	(0.084)	(0.095)	(0.028)	(0.034)
控制变量	无	有	无	有	无	有	无	有
样本量	1 301	1 031	1 301	1 031	1 299	1 029	1 301	1 031
R^2	0.650	0.689	0.688	0.715	0.858	0.875	0.710	0.746

注:括号内是聚类到监测点层面的标准误;回归均控制了监测点固定效应和年份固定效应;控制变量包括人均 GDP、GDP 增长率、夜间灯光亮度以及气温;综合水质(watergrade)分为Ⅰ、Ⅱ、Ⅲ、Ⅳ、Ⅴ以及劣Ⅴ类,分别用 1—6 衡量;inferior_V 是哑变量,当水质为劣Ⅴ类时,该变量取值为 1,否则为 0。

第五节　拓展讨论

一、区分河长制执行力度

由于采用哑变量刻画各监测点是否受河长制影响并不能区分河长制实际执行力度的差异。因此,在拓展性讨论部分,我们将核心解释变量——是否受到河长制影响 $Hezhangzhi_{it}$ 更换为河长制的实际执行力度 $Hezhangzhi\_Intensity_{it}$,作为对前文基准回归结果的拓展性讨论。更换核心解释变量后的回归方程如下:

$$Pollutant_{it} = \beta Hezhangzhi\_Intensity_{it} + \lambda X_{it} + \alpha_i + \gamma_t + \varepsilon_{it} \quad (6-6)$$

考虑到河长制是从河流治理行政问责制和官员督办制演变而来的,因此,我们从问责力度和地方官员关注程度两个角度出发,构建刻画河长制实际执行力度的连续变量。

第一,基于问责力度的角度。我们采用地级市所辖县级行政区域的数量来表示地级市政府可能对县级政府实施的问责力度。其中,县级行政区域包括县、县级市以及区等行政单元。我们根据国家统计局网站公布的历年"最新县及县以上行政规划代码"手工整理得到样本内各地级市所辖的县级区域数量。采用这一指标刻画河长制问责力度的依据在于：各个地区的河流污染程度、水文特征等存在很大的差异性，上级政府在对下级政府进行水污染治理的问责时，需要一个水污染治理的参考系（治理下限）。如果地级市所辖县级区域数量偏少，县级区域之间往往容易形成合谋（王书明和蔡萌萌，2011），隐瞒真实的治理情况，从而使得上级政府的问责无"据"可依，难以进行真正有效的问责。而当地级市所辖的县级区域数量增加之后，县级区域之间合谋的协调成本大大增加，上级政府更容易了解到辖区内水污染治理（下限）的真实情况，从而更可能对下级政府进行有效的问责。在我国，不同地级市所辖县级行政区域的数量存在较大的差异（Lü and Landry，2014），因此，采用这一变量刻画河长制的实际问责力度能够较好地体现出地区之间的差异性。需要指出，这一指标只是从间接的角度去衡量河长制在推行过程中，上级政府对下级政府可能形成的问责力度。更为直接的做法应该是采用样本期间各地区对河长制推行不力的问责次数来表征各地推行河长制的问责程度。然而遗憾的是，尽管我们在梳理各地区推行河长制的材料时发现了部分地区河长制无人问津的情况，但是却没有发现任何因河长制推行不力而被问责的案例，因而据此构造一个能在地区间可比的问责指标并不可行。在这种情况下，我们只能从间接角度对河长制的问责力度进行刻画。

第二，基于官员关注的角度。我们采用地级市内县长数量与辖区河流长度的比值、地级市内县长数量与辖区河流数量的比值来刻画河长制在各地区的实际执行力度。其中，样本期间各地级市县级行政首长的数量等于所辖县级行政区域的数量，各地级市内河流的数量和总长度根据国家地理信息中心提供的1∶400万主要河流矢量分布图整理得到。采用上述两个指标刻画河长制实际执行力度的逻辑是：河长制将责任落实到地方主要领导，需要地方领导的"亲自过问"。河长制能否得到有效执行，主要取决于地方主要领导的精力能否兼顾河长制推行过程中产生的一系列问题。由于地方领导的精力有限，如果需要负责的河流数量过多或者河流长度过长，地方领导就可能无暇顾及。缺少了地方主要领导的"亲自过问",河长制的实际执行力度显然会大打折扣。

根据上述思路,我们计算得到了具体表征河长制实际执行力度的三个连续变量:(1)监测点所在地级市所辖县级行政单位数量的对数($lpool$);(2)地级市内县长数量与辖区河流数量的比值($lgov\_rivernum$);(3)地级市内县长数量与辖区河流长度的比值($lgov\_riverlength$)。

将河长制是否推行的哑变量更换为上述三个连续型变量后,基于连续型双重差分方法,我们从河长制本身的运行有效性角度出发,对河长制产生的污染治理效应进行评估。回归结果见表6-9。可以发现无论采用哪一个连续变量刻画河长制的实际执行力度,结果均显示河长制的初步水污染治理效应显著存在。并且,这三个连续变量的估计系数均为正,说明河长制的实际执行力度越强,产生的水污染治理效应也越大。由此可见,为增强地方环境治理的效果,不仅需要推动地方政府从被动执行中央环境政策向自主性环境政策创新转变,还需要不断加大地方自主性环境政策的力度。

表6-9　河长制实际执行程度对溶解氧的影响

	(1)	(2)	(3)	(4)	(5)	(6)
$lpool$	0.102**	0.101*				
	(0.051)	(0.051)				
$lgov\_rivernum$			0.163*	0.162*		
			(0.097)	(0.098)		
$lgov\_riverlength$					0.601*	0.589*
					(0.310)	(0.313)
控制变量	无	有	无	有	无	有
地区固定效应	有	有	有	有	有	有
年份固定效应	有	有	有	有	有	有
样本量	3 377	3 377	3 377	3 377	3 377	3 377
R^2	0.798	0.799	0.798	0.799	0.798	0.799

注:括号内是聚类到监测点层面的标准误;地区固定效应是监测点固定效应;控制变量包括人均GDP、GDP增长率、气温以及夜间灯光亮度;被解释变量是溶解氧(DO),$lpool$表示地级市内所辖县级行政区域数量(对数形式),$lgov\_rivernum$表示地级市内县级行政首长数量与辖区内河流数量的比值,$lgov\_riverlength$表示地级市内县级行政首长数量与辖区内河流总长度的比值;***、**、*分别表示在1%、5%、10%的显著性水平显著。

二、河长制的空间溢出效应

由于河流污染存在空间上的负外部性(Cai et al., 2016; Sigman, 2002, 2005; Sandler, 2006; Lipscomb and Mobarak, 2016),因此从理论上来看,对于旨在治理河流污染的河长制而言,其政策效应应该在空间上具有正外部性。为了更加深入理解河长制在地方实践进程中的作用,我们进一步研究河长制政策是否存在空间溢出效应,并识别河长制对溶解氧的提升作用体现在多大的空间范围内。需要指出,研究河长制的空间溢出效应具有重要的政策含义。如果河长制确实具有空间溢出效应,那么说明在全面推行地方自主性环境政策时尤其需要重视可能存在的"搭便车"现象。

我们首先基于空间计量模型对河长制可能存在的空间溢出效应进行检验,设定回归模型如下:

$$DO_{it} = \beta Hezhangzhi_{it} + \alpha_1 W^{100\sim200} Hezhangzhi_{it} + \alpha_2 W^{200\sim300} Hezhangzhi_{it}$$
$$+ \alpha_3 W^{300\sim400} Hezhangzhi_{it} + \alpha_4 W^{400\sim500} Hezhangzhi_{it} + \alpha_5 W^{500\sim600} Hezhangzhi_{it}$$
$$+ \alpha_6 W^{600\sim700} Hezhangzhi_{it} + \alpha_7 W^{700\sim800} Hezhangzhi_{it} + X_{it} + \alpha_i + \gamma_t + \varepsilon_{it}$$

$$(6-7)$$

式(6-7)中,被解释变量是溶解氧 DO,核心解释变量是河长制是否推行的哑变量 $Hezhangzhi$,以及采用不同空间权重矩阵加权得到的河长制推行哑变量的空间滞后项。由于式(6-7)仅包含核心解释变量的空间滞后项,未包括被解释变量和误差项的空间滞后项,因而可以采用最小二乘法估计得到无偏且有效的估计结果。空间权重矩阵的表达式如下:

$$W_{ij}^{t_1\sim t_2} \begin{cases} \dfrac{1}{d_{ij}}, & t_1 < d_{ij} \leqslant t_2 \\ 0, & d_{ij} \leqslant t_1 \text{ or } d_{ij} > t_1 \end{cases}$$

$$(6-8)$$

其中, t_1 和 t_2 分别表示地理阈值的上下限, d_{ij} 表示监测点 i 与监测点 j 之间的地理距离。我们根据监测点的经纬度坐标计算得到各监测点之间的地理距离。图6-8报告了式(6-7)中不同地理阈值空间滞后项的系数估计结果及95%水平置信空间。可以发现,河长制的初步水污染治理效应确实存在空间溢出,且溢出范围大约在300千米以内。

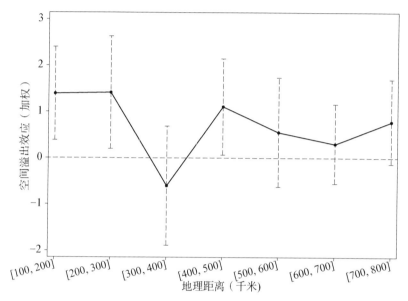

图6-8 河长制的空间溢出效应(加权)

为了进一步验证河长制存在的空间溢出效应,我们采用如下模型进行稳健性检验:

$$DO_{it} = \beta Hezhangzhi_{it} + \alpha_1 hezhangzhiR_{it}^{100\sim200} + \alpha_2 hezhangzhiR_{it}^{200\sim300}$$
$$+ \alpha_3 hezhangzhiR_{it}^{300\sim400} + \alpha_4 hezhangzhiR_{it}^{400\sim500} + \alpha_5 hezhangzhiR_{it}^{500\sim600}$$
$$+ \alpha_6 hezhangzhiR_{it}^{600\sim700} + \alpha_7 hezhangzhiR_{it}^{700\sim800} + X_{it} + \alpha_i + \gamma_t + \varepsilon_{it}$$

$$(6-9)$$

其中,$hezhangzhiR_{it}^{100\sim200}$表示在年份$t$与监测点$i$的距离为100千米至200千米的监测点是否受到河长制的影响,如果这一影响存在,该变量取值为1,否则该变量取值为0。其他变量的含义以此类推。图6-9报告了不同地理范围的河长制虚拟变量的系数估计结果及 95% 水平置信空间。可以发现,河长制政策效应的空间溢出仍然显著存在。略微不同的是,此时河长制政策效应的空间溢出范围约在 200 千米以内。

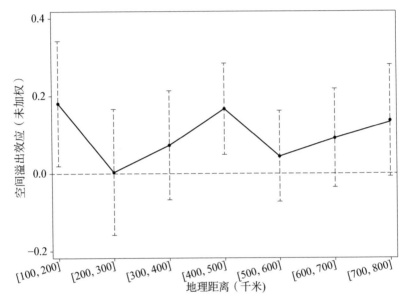

图 6‑9 河长制的空间溢出效应(不加权)

三、基于官员年龄和行政边界的异质性分析

截止到目前,本章研究发现作为一项地方自主性环境政策创新,河长制产生了初步的水污染治理效应,并且这一政策效应稳健存在。在此基础上,本章试图进一步研究河长制的初步水污染治理效应是否受到其他因素的影响,以此探究地方自主性环境政策效能提升的具体路径。具体而言,首先,河长制作为行政首长负责制,地方官员的特征是否会对河长制的水污染治理效应产生影响? 其次,正如本书在第五章指出的,在水污染治理领域普遍存在以邻为壑的跨界污染现象。河长制的政策效应是否也取决于辖区是否邻近省级行政边界?

(一) 官员年龄

在第五章的研究中,我们已经指出,地方官员的年龄是影响其晋升激励的关键因素,可能会改变地方官员在促进经济增长和加强环境治理之间的权衡取舍。就河长制的政策效应而言,其可能会随着辖区地方官员年龄的增加而降低。为了验证这一推测,我们估计如下方程:

$$DO_{it} = \beta_1 Hezhangzhi_{it} + \beta_2 age_{it} + \beta_3 age_{it} \times Hezhangzhi_{it} + X_{it} + \alpha_i + \gamma_t + \varepsilon_{it}$$

$$(6-10)$$

其中,age_{it} 表示 t 年监测点 i 所属地区党委书记和行政首长的年龄。为了考虑不同层级地方官员的晋升激励对河长制治理效应的影响,我们分别考察省级、市级以及县级地方官员的年龄特征。由于在地方政府自主推行河长制期间,有一些省份的总河长由省级副职担任,故在考察省级官员时,我们不仅关注省委书记和省长,还关注常务副省长。省委书记和省长的年龄根据他们的出生年份计算得到,出生年份数据来自卡恩等(Kahn et al., 2015)的研究。各省常务副省长、地级市市长和市委书记、县长和县委书记的年龄数据均通过百度百科、人民网县级领导资料库以及中国名人录网站等途径检索得到。

表 6-10 中列(1)报告了加入省长年龄与河长制当年是否实施的交互项(*Governor_age* × *Hezhangzhi*)的结果,该交互项的系数估计结果为 −0.052 且通过了 5% 水平的显著性检验,说明省长年龄越大,河长制的水污染治理效应越弱。列(2)报告了加入省委书记年龄与河长制当年是否实施的交互项(*Secretary_age* × *Hezhangzhi*)的结果,该交互项的系数估计结果为正且未通过至少 10% 水平的显著性检验,说明省委书记的年龄对河长制的治理效应并不存在影响,这与卡恩等(Kahn et al., 2015)的研究结论一致。在我国,省委书记虽然是最有权力的省级地方官员,但其更多地承担监督政府治理的角色,省长才是负责具体行政职务的地方官员。当地方出现重大的环境污染事故后,中央政府也往往是对省长进行问责。由此,我们可以理解为何河长制的水污染治理效

应取决于省长的年龄特征,而不取决于省委书记的年龄特征。

表 6-10 中列(3)报告了加入常务副省长年龄与河长制当年是否实施的交叉项(*Vicegovernor_age* × *Hezhangzhi*)的回归结果。可以发现该交叉项的系数估计结果显著为正,表明河长制的初步水污染治理效应同样受到了省级副职官员晋升激励的影响。值得注意的是,虽然在加入常务副省长年龄与河长制是否推行的交叉项后,河长制(*Hezhangzhi*)自身的估计系数显著为负,但这并不意味着河长制对溶解氧存在显著的负向效应。此时,河长制的政策效应应该结合河长制(*Hezhangzhi*)本身的估计系数和交叉项(*Vicegovernor_age* × *Hezhangzhi*)的估计系数来判断。根据表 6-10 列(3)中的系数估计结果,我们报告了对应于每一个常务副省长年龄的河长制初步水污染治理效应,如图 6-10 所示。可以发现在本章样本中,常务副省长的最小年龄是 47 岁,最大年龄是 65 岁。对应于不同的常务副省长年龄,具有统计显著性的河长制初步水污染治理效应均为正。但是从交叉项的符号来看,与“省长年龄越小,河长制初步水污染治理效应越大”的结论不同,省级副职官员的年龄越大,河长制的治理效应越大。

为何省级正职官员与副职官员年龄对河长制治理效应的影响存在差异?我们认为原因可能是:省级正职官员的年龄普遍大于副职官员。而研究表明,地方领导的年龄越大,其被处罚的可能性越低(Landry,2008)。对于处于职业生涯后期的正职官员而言,重视经济增长而忽视环境治理面临的潜在惩罚成本较低。相比之下,副职官员普遍更加年轻,因而更可能积极推动河长制,降低因环境治理不力被中央政府处罚的风险。并且随着副职官员年龄增长,一旦被中央政府惩罚,面临的沉没成本更大,故年龄越大的副职官员越有激励强化河长制的治理效应。

表 6-10 中列(4)和(5)分别报告了市长和市委书记年龄对河长制初步水污染治理效应的影响。可以发现,采用年龄刻画的市长晋升激励仍然是影响河长制初步水污染治理效应的重要因素,而市委书记的年龄对河长制的初步水污

染治理效应不存在显著的影响。这一结论再次验证了这样一个事实:在我国行政序列中,更多是地方行政长官负责具体经济社会事务。市长年龄与河长制初步水污染治理效应的关系与常务副省长类似,图6-11报告了对应于不同市长年龄下的河长制污染治理效应。可以发现,当且仅当河长制的初步水污染治理效应为正时,这一效应才具有统计显著性。

表6-10中列(6)和列(7)分别报告了县级官员年龄的估计结果。可以发现,无论是县委书记还是县长,其年龄均未对河长制的初步水污染治理效应产生显著的影响。作为中国最基层政府的官员,为何县长未对河长制的治理效应产生显著影响,表现出与上级政府官员不一致的情形呢?我们认为产生这一结果的可能原因是:一方面,尽管在本章关注的样本期间,中央政府已经开始强调环境治理的重要性,但毋庸讳言的是,促进辖区GDP增长仍然是考核地方官员的主要事项,在整个考核体系中依然占据着最为重要的地位。并且研究表明,经济增长指标从中央政府到基层政府存在"层层加码"的普遍现象(周黎安等,2015),作为最基层的政府,县级政府促进经济增长的压力更大,相对会忽视环境治理。因此县级官员的晋升激励并未与河长制的治理效应产生密切的联系。根据奥利弗(Oliver,1991)的观点,如果缺乏有效的惩罚处理,组织往往不会受到规章制度的约束,而更多受到外部压力的影响。作为一项地方自主性环境政策,河长制在基层的推行正是如此。由于河长制在地方实践的过程中没有因推行不力而受到处罚的先例,因此,相比经济增长的压力,县级地方政府相对不会重视河长制政策的实施效果。另一方面,从中央政府开始,随着地方政府层级的增加,其自由裁量空间也在不断增加。正所谓"山高皇帝远",中央政府很难有效监督基层政府的环境治理行为(Wang et al.,2018)。因此,作为最基层的政府,县级政府不仅具有动机也有能力选择偏向经济增长而忽视环境治理。

(二) 行政边界

我们预期,与以往地方政府被动执行中央环境政策相比,地方自主实施的河长制政策可能不会在行政边界附近降低环境治理力度,进而造成环境治理效果减弱。原因是:对于一项地方自主性环境政策而言,治污不力的最终负责人不再是辖区环保部门的负责人,而是当地的最高行政官员。这样的政策设计大大降低了不同行政区域之间关于水污染治理的信息沟通成本,相互推诿扯皮的可能性有所降低,同时也提升了跨界污染对本辖区造成的负面影响。为了验证这一推测,我们估计如下回归方程:

$$DO_{it} = \beta_1 Hezhangzhi_{it} + \beta_2 boundry_i + \beta_3 boundry_i \times Hezhangzhi_{it} +$$
$$X_{it} + \alpha_i + \gamma_t + \varepsilon_{it} \tag{6-11}$$

其中,$boundry_i$ 表示行政边界变量,采用两个具体的变量进行表征:(1)是否处于行政边界的虚拟变量($boundry\_dummy_i$)。如果监测点 i 位于两省行政边界处,则该变量取值为 1,否则取值为 0。《中国环境年鉴》报告了各监测点是否位于省级行政边界的情况,我们基于这一信息得到 $boundry\_dummy_i$ 的取值。(2)连续型边界变量($boundry\_distance_i$)。该变量表示监测点 i 距离最近省界的地理距离,我们借助 ArcGIS 根据各监测点的经纬度坐标和中国省级行政区域地图计算得到这一变量的具体取值。

表 6-10 中列(3)和列(4)报告了加入行政边界与河长制当年是否实施的交互项的结果,可以发现,无论用虚拟变量($boundry\_dummy_i$)还是连续变量($boundry\_distance_i$)作为行政边界的代理变量,交互项的估计系数均未通过显著性检验。由此可见,地方政府在推行河长制的进程中并没有在行政边界附近刻意减弱政策的实施效果,说明当地方政府从被动执行中央环境政策转向自主环境政策创新后,过去存在的一些突出污染问题能够得到一定程度的缓解。当然也要注意的是,就本章研究的河长制而言,其目前产生的政策效果主要体现在对水面垃圾、蓝藻等表层污染物的清理。相比对水中深度污染物的治理而言,这一治理更容易受到邻近地方政府和公众的监督,可能有助于约束边界效应的产生。未来在进行深层次的水污染治理时,由于邻近地方政府和公众难以

快速察觉深度污染物的溢出，以河长制为代表的地方自主性环境政策是否依然能够避免边界效应，仍然有待研究。

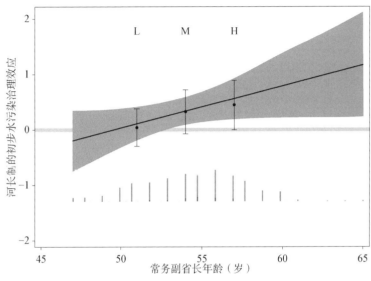

图 6-10 　常务副省长年龄与河长制治理效应

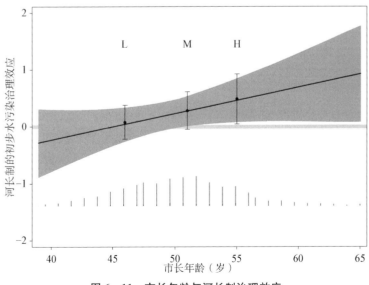

图 6-11 　市长年龄与河长制治理效应

表 6 – 10　异质性分析结果

	DO								
	(1)	(2)	(3)	(4)	(5)	(6)	(7)	(8)	(9)
Hezhangzhi	3.352***	−1.929	−3.763*	−3.222**	−1.645	−2.123	−1.734	0.355**	0.423**
	(1.211)	(1.622)	(2.265)	(1.624)	(1.365)	(2.879)	(2.253)	(0.152)	(0.206)
Governor_age	0.009								
	(0.008)								
Governor_age × *Hezhangzhi*	−0.052**								
	(0.020)								
Secretary_age		0.006							
		(0.006)							
Secretary_age × *Hezhangzhi*		0.037							
		(0.027)							
Vicegovernor_age			−0.008						
			(0.010)						
Vicegovernor_age × *Hezhangzhi*			0.076*						
			(0.042)						
Prefecture_governor_age				−0.001					
				(0.010)					
Prefecture_governor_age × *Hezhangzhi*				0.069**					
				(0.033)					
Prefecture_secretary_age					0.005				
					(0.009)				
Prefecture_secretary_age × *Hezhangzhi*					0.037				
					(0.172)				

续　表

	(1)	(2)	(3)	(4)	(5)	(6)	(7)	(8)	(9)
					DO				
County_governor_age						−0.023* (0.012)			
County_governor_age × Hezhangzhi						0.055 (0.066)			
County_secretary_age							0.003 (0.008)		
County_secretary_age × Hezhangzhi							0.041 (0.048)		
Boundary_dummy × Hezhangzhi								0.068 (0.333)	
Boundary_distance × Hezhangzhi									−0.001 (0.003)
控制变量	有	有	有	有	有	有	有	有	有
年份固定效应	有	有	有	有	有	有	有	有	有
地区固定效应	有	有	有	有	有	有	有	有	有
样本量	3 377	3 377	3 377	2 792	2 692	2 138	2 177	3 377	3 377
R^2	0.800	0.800	0.780	0.801	0.801	0.841	0.844	0.799	0.799

注：括号中是聚类至监测点层面的标准误；地区固定效应为监测点固定效应；控制变量包括人均 GDP、GDP 增长率、夜间灯光亮度以及气温；*、** 和 *** 分别代表在 10%、5% 和 1% 的水平上统计显著；由于控制了监测点固定效应，boundary_dummy 和 boundary_distance 在回归过程中均被吸收。

四、河长制与水污染密集行业

截止到目前,本章的研究内容告诉我们河长制这一地方自主性环境政策产生了积极的污染治理效果。给定地方政府被动执行中央环境政策时出现的种种扭曲性后果,这一结果的出现在我们的意料之中。然而,稍感意外的是,我们还发现河长制在提升溶解氧的同时,并没有降低水中的其他深度污染物。这一结果表明对于地方自主性环境政策而言,并非没有提升和完善的空间。因此,这里我们试图进一步研究河长制的政策效果未能完全体现的机制,以此明晰高质量发展阶段提升地方自主性环境政策效能的潜在路径。

根据《国务院关于开展第一次全国污染源普查的通知》,水污染主要有三个来源:工业污染、生活污染以及农业污染。在这三个污染源中,针对生活污染和农业污染的治理较为困难。其原因是,我国环境管理体制中最基层的执行组织是设在县级政府内的环保局及其他相关组织机构,虽然有部分地方政府尝试在乡镇政府设立环保机构,但并没有成为普遍现象。因此,对于广大农村生产生活造成的面源污染,政府环保部门往往鞭长莫及,相应的管理体制建设基本处于空白状态。并且,面源污染具有复杂多样和时空分散的特征,即便乡镇一级环保机构比较完善,也会因成本过高而力不从心(宋国君等,2009)。相比之下,地方政府对工业污染的治理就显得有"法"可循。只要地方政府愿意,至少可以通过土地出让和税收征管等手段影响工业企业的生产成本,从而倒逼其治理污染。

在上述背景下,我们发现河长制未能有效减少水中深度污染物仅仅是因为农业和生活源污染难以治理,还是因为工业源污染也未能得到有效治理?为了回答这一问题,我们直接检验河长制对辖区内污染密集型行业的工业增加值、企业个数以及新企业个数的影响。实证分析中,我们考察30个二位数行业,其中7个行业是水污染密集型行业,其余23个行业是非水污染密集型行业,划分标准来自《第一次全国污染源普查公报》。① 企业数据来自历年工业企业数据库,我们将微观企业的数据加总到二位数行业层面,核算工业增加值、企业个数以及新企业个数三个指标。

参考赫林和庞塞特(Hering and Poncet,2014)的模型设定,估计一个三重差分模型,模型设定形式如下:

$$Firm_{ckt} = \alpha\, Pollution_k \times Hezhangzhi_{ct} + X_{ct} + \nu_{ct} + \lambda_{kt} + \theta_{ck} + \varepsilon_{ckt}$$

$$(6-12)$$

其中,c 表示监测点所在的地级市,k 表示二位数行业,t 表示年份。$firm_{ckt}$ 表示在 t 年城市 c 行业 k 的生产活动,具体采用二位数行业的工业增加值($value$)、企业个数($firm$)以及新企业个数($newfirm$)表征。② $Hezhangzhi_{ct}$ 表示在 t 年城市 c 是否实行河长制,如果实行的话,该变量取值为 1,否则取值为 0。$Pollution_k$ 表示产业 k 是否为水污染密集型产业,如果是则该变量取值为 1,否则取值为 0。X_{ct} 表示城市 c 在 t 年的一些特征变量,包括人均 GDP、开放程度、产业结构、财政分权、人口密度、失业率以及平均工资,数据来源于历年《中国城市统计年鉴》。ν_{ct}、λ_{kt}、θ_{ck} 分别表示"地区—年份"固定效应、"产业—年份"

---

① 水污染密集型行业分别是:食品加工业,纺织业,纺织服装、鞋、帽制造业,造纸及纸制品业,石油加工、炼焦及核燃料加工业,化学原料及化学制品业,有色金属冶炼及压延加工业。非水污染密集型行业分别是:食品制造业,饮料制造业,皮革、毛皮等制品业,木材加工及木、竹、藤等制品业,家具制造业,印刷和记录媒介的复制业,文教体育用品制造业,医药制造业,橡胶制品业,塑料制品业,非金属矿物制品业,黑色金属冶炼及压延加工业,金属制品业,通用设备制造业,专业设备制造业,交通运输设备制造业,电气机械及器材制造业,通信设备、计算机及其他电子设备制造业,仪器仪表及文化、办公用机械制造业,工艺品及其他制造业,电力、热力的生产和供应业,燃气生产和供应业,水的生产和供应业。虽然采矿业也会产生大量水污染,但采矿企业的选址主要取决于自然资源分布,因此我们未考虑这一行业。
② 在回归时,被解释变量工业增加值和企业个数均取对数形式,但新企业的个数未取对数形式,原因是有约 64% 的样本对应的新企业个数为 0,采用水平值可以包括这些不存在新企业的样本。

固定效应、"地区—产业"固定效应，ε_{ckt} 是误差项。[①]

表 6-11 报告了机制讨论的结果。其中，列(1)—(3)报告了未控制联合固定效应的结果，$Pollution$ 的估计系数为正且均通过了 1% 水平的显著性检验，说明污染密集型工业在我国整个工业体系中仍然十分重要，在经济转向高质量发展的阶段，产业升级的作用仍然十分突出。$Pollution_k \times Hezhangzhi_{ct}$ 的系数均不存在统计显著性，说明河长制并未显著影响水污染密集型行业的生产活动，即河长制并未推动辖区的产业结构去污染化。列(4)—(6)报告了加入联合固定效应的结果，可以发现河长制并未推动产业结构去污染化的结论仍然成立。由此可见，在全面推行地方自主性环境政策的过程中，不仅要解决长期以来存在的农业源和生活源污染问题，还要继续着力于治理工业源污染。可以预期的是，推动本地产业结构的清洁化仍然能够获得显著的水污染治理效果。

表 6-11　机制讨论结果

	(1) value	(2) firm	(3) newfirm	(4) value	(5) firm	(6) newfirm
Hezhangzhi ×Pollution	−0.031 (0.090)	0.060 (0.051)	−0.148 (0.224)	0.081 (0.154)	0.142 (0.085)	0.275 (0.401)
Hezhangzhi	−0.014 (0.051)	−0.016 (0.033)	−0.057 (0.169)			
Pollution	0.590*** (0.043)	0.446*** (0.024)	0.773*** (0.091)			
控制变量	有	有	有	有	有	有
监测点固定效应	有	有	有	无	无	无
年份固定效应	有	有	有	无	无	无
省份—年份固定效应	无	无	无	有	有	有
行业—年份固定效应	无	无	无	有	有	有

---

① 为了节约自由度，在估计时我们加入的是"省份—年份"和"省份—产业"固定效应。

	(1) value	(2) firm	(3) newfirm	(4) value	(5) firm	(6) newfirm
省份—行业固定 效应	无	无	无	有	有	有
样本量	33 469	33 655	33 655	33 469	33 655	33 655
R^2	0.339	0.426	0.156	0.605	0.691	0.269

注:列(1)—(3)的标准误聚类到监测点层面,列(4)—(6)的标准误聚类到省级层面;控制变量包括人均 GDP、开放程度、产业结构、财政分权、人口密度、失业率以及平均工资;*、**和***分别代表在 10%、5%和 1%的水平统计显著。

第六节　小结:提升地方自主性环境政策效能

与上一章类似,本章继续将河长制视为地方自主性环境政策创新的典型案例。在上一章研究河长制驱动因素的基础上,本章主要基于双重差分的识别策略,研究了河长制在地方自主推行过程中产生的治污效果。结果显示,河长制显著增加了水中溶解氧,缓解了水体黑臭问题,达到了初步的水污染治理效果。并且,河长制政策在实施过程中并不存在边界效应。这说明,地方政府的环境治理从被动执行中央环境政策转向自主环境政策创新后,确实能够产生积极的治污效果,也能够解决一些环境治理难题。但是我们也发现,河长制在增加水中溶解氧的同时并没有显著降低水中的深度污染物,也没有明显改变辖区内工业污染企业的生产活动,说明地方政府在自主推行地方环境政策时可能存在"治标不治本"的粉饰性治污行为。不仅如此,作为一项地方自主性环境政策创新,河长制的政策效果也受到辖区地方官员年龄特征的影响,具有浓厚的"人治"色彩。

河长制在地方自主推行的过程中呈现的上述结果告诉我们,在全面推行地方自主性环境政策的过程中,尤其需要注意提升地方自主性环境政策的效能。

基于本章对河长制政策展开的具体分析,我们认为,在提升地方自主性环境政策的效能时,需要增强地方官员的激励,通过适度的官员更替来矫正潜在的激励扭曲。注意发挥公众监督甚至第三方专业监督的作用,解决污染治理过程中的信息不对称问题,避免地方政府象征性推出自主性环境政策而不真正加强辖区环境治理。此外,还需要注意的是,与中央环境政策不同,地方自主性环境政策的一大优势是充分了解地方污染信息,能够以各个地方最为突出的环境问题为治理目标。因此,地方自主性环境政策需要因地制宜制定精准的治理目标,通过"精耕细作"重点解决突出问题,避免水污染治理"广种薄收"。当然,地方自主性环境政策创新的出现也绝不意味着中央环境政策就没有存在的必要。未来随着地方政府自主性环境政策的不断涌现,中央政府还需要通过自上而下的激励调整不断改善这些政策的治理效能,使得地方自主性环境政策在实践过程中扬长避短,与中央环境政策形成互补效应,最终发挥出最佳的环境治理效果。

第七章　研究结论与展望

第一节　研究结论

　　党的二十大明确了中国正处于迈向全面建设社会主义现代化国家的征程中,推进国家治理体系和治理能力现代化是其中的首要任务。在环境领域,不断提升中国政府环境治理能力,促进生态环境实现根本好转,是最终实现人与自然和谐共生的关键所在。近些年,关于环境治理的重视达到了前所未有的高度,诸如"中央环保督察""两控区政策"以及"环保垂直改革"等环境政策不断涌现,推动我国污染防治攻坚持续向纵深推进。客观来说,这些中央自上而下的环境政策的确产生了一定的环境治理效果。但同时也要认识到,单一的自上而下式环境政策不能根本解决我国的环境问题,目前我国面临的生态环境保护任务依然艰巨。要想实现生态环境的根本好转,需要更为深入地剖析我国环境政策的演进过程,探索出一条有助于提升政策治理效能的路径。

　　正是在这样的背景下,本书应运而生。面向中国环境治理的重大现实需求,本书以促进经济稳定发展与环境持续改善为研究目标,紧紧围绕我国环境治理政策中的核心角色——地方政府,对环境治理的政策演进及其政策效应展开了全面分析,并且提出优化地方政府环境治理政策的方案。在研究过程中,本书综合运用空间均衡模型、空间计量模型、双重差分模型等多种方法,将地方政府环境治理的发展历程大体分为两个阶段:被动执行中央环境政策的阶段和自主创新地方性环境政策的阶段。既研究地方政府环境治理在被动执行中央环境政策期间产生的环境和经济效应,也关注地方政府环境治理从被动执行中央环境政策演变为自主性环境政策创新的内在机理和政策效果。具体而言,本书主要完成以下四项工作。

第一,从静态视角研究地方政府之间的环境治理力度差异产生的污染就近转移效应,以此来说明在被动执行中央环境政策时,地方政府环境治理的内在激励不一,即使部分地区加大环境治理也可能会因为污染就近转移而导致辖区环境得不到显著改善。通过本书的实证分析,我们发现在保持其他条件不变的情况下,当邻近地区环境规制水平提高 1 个单位时,本地污染排放就会上升1.139 个单位。并且愈是邻近的城市,污染转移效应就愈大,大约在 150 千米左右的空间范围,污染就近转移效应达到峰值。这一研究既呈现了地方政府被动执行中央环境政策时出现的扭曲性后果,也充分说明了推动相邻城市之间就污染治理达成联防联控的重要性。近些年来,我国的污染治理政策已经沿着这一思路在开展,尤其对于空间溢出性较强的污染物,相关政策不再将单个行政单元视为独立的治理主体,而是强调各个行政单元之间的联动性,如《苏皖共同建立"2+12"大气污染联防联控机制工作备忘录》。可以预测,随着环境治理联防联控的机制不断优化,我国环境治理效果将"更上一层楼"。

第二,从动态视角研究地方政府之间的非对称环境规制互动行为对城市生产率增长产生的本地效应和溢出效应。关于我国地方政府之间的环境规制互动行为,有大量研究先验地认为我国各个地方政府均在参与环境规制的逐底竞赛,并且将地方政府的这一互动行为视为环境治理效果不佳的主要原因。本书的研究则打破了这一固有印象,通过较为细致的检验提供了地方政府参与不同形式环境规制互动行为的证据。本书研究发现,虽然地方政府之间确实存在逐底竞赛式的环境规制执行互动,但同样也存在竞相向上式的环境规制执行互动。后一种互动形式之所以会出现,是因为随着我国经济发展水平不断提升,促进经济增长与保护生态环境之间的矛盾不再像过去那么不可调和。在一些以(高端)服务业为主要支撑产业的地区,这两者甚至可以兼得。因而,有一些地方政府具有激励不断加大辖区的环境规制力度,彼此之间形成竞相向上的互动模式。此外,地方政府之间的环境规制策略行为表现为非对称性而非一致性,其导致的结果必然是地区之间的环境规制力度差异不断加大。本书研究发现,这会进一步导致空间邻近城市的环境规制执行和经济邻近城市的环境规制执行分别对本地企业的生产率增长产生负向空间溢出效应和正向空间溢出效应。其内在的逻辑是,地理相邻的政府之间参与不同形式的环境规制竞争弱化了企业就地从事创新的激励。为了降低环境规制带来的成本,污染企业偏向于选择跨地迁移而不是就地创新,使得环境规制倒逼企业创新的微观机制难以实现。长此以往,一些地区提升辖区的环境规制也只能改变不同地区的生产率配置,而不能促进全局性生产率增长。

第三,紧扣地方官员在地方政府施政风格中的导向作用,研究地方官员的内在激励如何影响地方政府环境治理从被动执行中央环境政策向自主环境政策创新的演变。在理论上,地方官员的年龄越大,晋升的激励越小,以污染为代价带来的经济增长产生的边际收益越低。因此,为了避免恶性环境事件带来的巨大惩罚成本,年龄越大的地方官员越倾向于推行河长制政策,实现地方政府环境治理从被动执行向自主创新的跃迁。实证中,本书通过市级官员的数据验证了这一点,并且还发现官员年龄与河长制推行概率之间的正向关系仅针对市长成立,市委书记的年龄并不会影响地方环境治理的演变。因此,如果从官员角度入手矫正一个地区的环境治理激励,应该主要从行政官员着手。此外,本书的研究还发现,当地方环境治理的逻辑从被动执行中央环境政策转向自主环境政策创新后,一些在被动执行中央环境政策时存在的主要环境问题可能得以缓解。比如,地方官员晋升激励与河长制推行概率之间的关系就不取决于该地区与邻近省级行政边界的距离,这意味着即使在省级行政边界附近,地方官员也没有刻意避免推行地方自主性环境政策,一定程度上有助于缓解跨界污染问题。因而,相比自上而下的中央环境政策,自下而上的地方自主性环境政策的一大优势就在于地方政府环境治理的内在激励更强。

第四,同样以河长制作为地方自主性环境政策的典型案例,研究这一政策在地方实践过程中产生的污染治理效果,通过政策效果的评估试图挖掘出地方自主性环境政策依然存在的不足,进而为提升地方自主性环境政策效能明确具体的优化路径。本书的研究发现,作为一项地方自主性环境政策创新,河长制的确能够产生显著的水污染治理效果。具体来说,河长制在地方自主实践期间显著增加了水中的溶解氧,有助于改善水体黑臭问题。但同时,更加值得关注的是,河长制并没有显著降低水中有机污染物和金属污染物等深度污染物。这说明了地方政府在落实自主性环境政策的过程中可能存在"治标不治本"的粉饰性治污行为。换言之,地方政府可能选择从被动执行中央环境政策向地方自主性环境治理演变,但在这个过程中并不真正加强自主性环境政策的执行强度,最终使得地方性环境治理陷入象征性治理的局面。为了避免这一现象的出现,在提升地方自主性环境政策效能时,除了要注重撬动地方官员的内在激励,还要根据各个地区的实际情况优化配置环境治理的相关资源。比如,对于辖区内河流数量众多、污染情况复杂的地区,上级部门尤其需要扮演"协助之手"的角色,加大环境治理资源的配置力度,使得地方政府既有治理辖区环境问题的意愿,又有解决环境问题的能力,二者缺一不可。

第二节　研究展望

本书虽然围绕中国地方政府的环境治理展开了多角度的深入分析,获得了一些具有价值的研究结论,但是囿于数据等方面的局限性,相关研究仍然存在进一步拓展的空间。具体如下:

第一,在研究地方政府之间的环境治理差异是否引致污染就近转移时,由于缺乏微观企业的跨地转移数据,本书采用的是城市层面的宏观数据。正因为此,本书并未对地方政府之间环境治理差异与污染就近转移之间的关系展开更为深入的研究。随着相关微观数据的日臻完善,未来研究可以通过企业的具体迁移路径更为准确地识别环境治理与污染转移之间的关系,尤其可以探索不同类型企业在其中扮演的不同角色。

第二,在研究地方政府环境规制执行互动对生产率空间模式的影响时,本书构建了两个刻画地方政府环境执行力度的指标。尽管这两个指标相比已有文献采用的指标而言,并不内含经济发展、技术进步等干扰性因素,但这两个指标也并不完全纯粹。例如,这两个指标的数据来自公众环境研究中心,而该中心的数据收集的是各个地方政府在网络平台公开的环境信息。由于不同地区的地方政府发布信息的渠道不一定都偏向网络平台,因此这两个指标很可能受到地方政府网上信息公开程度的干扰。如何从执行层面更为精确地刻画地方政府的环境治理力度仍然是未来需要深入研究的问题。

第三,在探讨地方政府环境治理从被动执行中央环境政策向自主性环境政策创新演变时,本书仅以河长制这一水污染治理政策作为地方政府自主性环境政策创新的代表。然而,这一政策是否真正具有代表性仍然存在商榷的空间。随着我国地方自主性环境政策创新的不断涌现,未来研究需要进一步结合现实中其他的地方自主性环境政策,深入讨论中国地方环境治理的优势与不足,为中国环境治理的政策设计提供更加丰富的启示。

第四,本书关注的环境污染问题局限于空气污染与水污染领域,随着时间推移,还有其他类型的污染值得关注,并亟需设计相应的环境治理政策。比如,近年来在各个地区屡屡出现的固废污染,与区域性污染截然不同的碳排放等。未来研究需要将这些内容逐步纳入中国环境治理的考察范围,不断促进中国环境治理效能的全面提升。

参考文献

［1］包群,彭水军.经济增长与环境污染:基于面板数据的联立方程估计[J].世界经济,2006,(11):48-58.

［2］包群,邵敏,杨大利.环境管制抑制了污染排放吗?[J].经济研究,2013,(12):42-54.

［3］陈硕,高琳.央地关系:财政分权度量及作用机制再评估[J].管理世界,2012,(6):43-59.

［4］陈潭,刘兴云.锦标赛体制、晋升博弈与地方剧场政治[J].公共管理学报,2011,(2):21-33.

［5］陈艳艳,罗党论.地方官员更替与企业投资[J].经济研究,2012,(s2):18-30.

［6］陈钊,徐彤.走向"为和谐而竞争":晋升锦标赛下的中央和地方治理模式变迁[J].世界经济,2011,(9):3-18.

［7］董敏杰,梁泳梅,李钢.环境规制对中国出口竞争力的影响——基于投入产出表的分析[J].中国工业经济,2011,(3):57-67.

［8］范剑勇,冯猛,李方文.产业集聚与企业全要素生产率[J].世界经济,2014,(5):51-73.

［9］傅勇,张晏.中国式分权与财政支出结构偏向:为增长而竞争的代价[J].管理世界,2007,(3):4-12.

［10］耿曙,庞保庆,钟灵娜.中国地方领导任期与政府行为模式:官员任期的政治经济学[J].经济学(季刊),2016,(3):893-916.

［11］郭于玮,马弘.混合所有制中的股权结构与企业全要素生产率[J].经济学报,2016,(2):90-109.

［12］韩超,张伟广,单双.规制治理、公众诉求与环境污染——基于地区间环境治理策略互动的经验分析[J].财贸经济,2016,(9):144-160.

［13］黄滢,刘庆,王敏.地方政府的环境治理决策:基于 SO_2 减排的面板数据分析[J].世界经济,2016,(12):166-188.

［14］纪志宏,周黎安,王鹏,赵鹰妍.地方官员晋升激励与银行信贷——来自中国城市商业银行的经验证据[J].金融研究,2014,(1):1-15.

［15］姜伟,黄明.苏州市城区河道黑臭成因分析及对策研究[J].中国水运月刊,2012,(10):123-124.

［16］李玲,陶锋.中国制造业最优环境规制强度的选择——基于绿色全要素生产率的视角[J].中国工业经济,2012,(5):70-82.

［17］李胜兰,初善冰,申晨.地方政府竞争、环境规制与区域生态效率[J].世界经济,2014,(4):88-110.

[18] 李艳红,成静清,夏丽丽,李荣昉.鄱阳湖区水体溶解氧现状及环境影响因素分析[J].中国农村水利水电,2013,(10):122-125.

[19] 李永友,沈坤荣.我国污染控制政策的减排效果——基于省际工业污染数据的实证分析[J].管理世界,2008,(7):7-17.

[20] 李玉红,王皓,郑玉歆.企业演化:中国工业生产率增长的重要途径[J].经济研究,2008,(6):12-24.

[21] 梁平汉,高楠.人事变更、法制环境和地方环境污染[J].管理世界,2014,(6):65-78.

[22] 林伯强,邹楚沅.发展阶段变迁与中国环境政策选择[J].中国社会科学,2014,(5):81-95.

[23] 林挺进.中国地级市市长职位升迁的经济逻辑分析[J].公共管理研究,2007,(5):45-68.

[24] 刘冲,郭峰,傅家范,周强龙.政治激励、资本监管与地方银行信贷投放[J].管理世界,2017,(10):36-50.

[25] 刘啟仁,黄建忠.人民币汇率变动与出口企业研发[J].金融研究,2017,(8):19-34.

[26] 刘生龙,胡鞍钢.基础设施的外部性在中国的检验:1988—2007[J].经济研究,2010,(3):4-15.

[27] 陆铭,冯皓.集聚与减排:城市规模差距影响工业污染强度的经验研究[J].世界经济,2014,(7):86-114.

[28] 陆旸.从开放宏观的视角看环境污染问题:一个综述[J].经济研究,2012,(2):146-158.

[29] 鲁晓东,连玉君.中国工业企业全要素生产率估计:1999—2007[J].经济学(季刊),2012,(2):541-558.

[30] 龙小宁,朱艳丽,蔡伟贤,等.基于空间计量模型的中国县级政府间税收竞争的实证分析[J].经济研究,2014,(8):41-53.

[31] 聂辉华.政企合谋与经济增长:反思"中国模式"[M].北京:中国人民大学出版社,2013.

[32] 聂辉华,贾瑞雪.中国制造业企业生产率与资源误置[J].世界经济,2011,(7):27-42.

[33] 聂辉华,江艇,杨汝岱.中国工业企业数据库的使用现状和潜在问题[J].世界经济,2012,(5):142-158.

[34] 庞智强.各地区省域经济综合开放程度的测定[J].统计研究,2008,(1):47-50.

[35] 彭冬冬,杜运苏.中间品贸易自由化、融资约束与贸易方式转型[J].国际贸易问题,2016,(12):52-63.

[36] 彭水军,刘安平.中国对外贸易的环境影响效应:基于环境投入—产出模型的经验研究[J].世界经济,2010,(5):140-160.

[37] 冉冉."压力型体制"下的政治激励与地方环境治理[J].经济社会体制比较,2013,(3):111-118.

[38] 单豪杰.中国资本存量 K 的再估算:1952—2006 年[J].数量经济技术经济研究,2008,(10):17-31.

[39] 沈国兵,张鑫.开放程度和经济增长对中国省级工业污染排放的影响[J].世界经济,2015,(4):99-125.

[40] 宋国君,冯时,王资峰,等.中国农村水环境管理体制建设[J].环境保护,2009,(9):26-29.

[41] 孙伟增,罗党论,郑思齐,等.环保考核、地方官员晋升与环境治理——基于2004—2009年中国86个重点城市的经验证据[J].清华大学学报(哲学社会科学版),2014,(4):49-62.

[42] 谭之博,周黎安,赵岳.省管县改革、财政分权与民生——基于"倍差法"的估计[J].经济学(季刊),2015,(3):1093-1114.

[43] 陶然,陆曦,苏福兵,汪晖.地区竞争格局演变下的中国转轨:财政激励和发展模式反思[J].经济研究,2009,(7):21-33.

[44] 王杰,刘斌.环境规制与企业全要素生产率——基于中国工业企业数据的经验分析[J].中国工业经济,2014,(3):44-56.

[45] 王敏,黄滢.中国的环境污染与经济增长[J].经济学(季刊),2015,(2):557-578.

[46] 王书明,蔡萌萌.基于新制度经济学视角的"河长制"评析[J].中国人口·资源与环境,2011,(9):8-13.

[47] 王文普.环境规制竞争对经济增长效率的影响:基于省级面板数据分析[J].当代财经,2011,(9):22-34.

[48] 王贤彬,徐现祥.地方官员来源,去向,任期与经济增长[J].管理世界,2008,(3):16-26.

[49] 王贤彬,徐现祥,李郇.地方官员更替与经济增长[J].经济学(季刊),2009,(4):1301-1328.

[50] 王贤彬,张莉,徐现祥.什么决定了地方财政的支出偏向——基于地方官员的视角[J].经济社会体制比较,2013,(6):157-167.

[51] 王永钦,张晏,章元,陈钊,陆铭.中国的大国发展道路——论分权式改革的得失[J].经济研究,2007,(1):4-16.

[52] 吴利学,叶素云,傅晓霞.中国制造业生产率提升的来源:企业成长还是市场更替?[J].管理世界,2016,(6):22-39.

[53] 夏友富.外商投资中国污染密集产业现状、后果及其对策研究[J].管理世界,1999,(3):109-123.

[54] 肖宏.环境规制约束下污染密集型企业越界迁移及其治理[D].上海:复旦大学,2008.

[55] 谢千里,罗斯基,张轶凡.中国工业生产率的增长与收敛[J].经济学(季刊),2008,(3):809-826.

[56] 熊瑞祥,李辉文.儿童照管、公共服务与农村已婚女性非农就业——来自CFPS数据的证据[J].经济学(季刊),2016,(4):393-414.

[57] 徐现祥,王贤彬.晋升激励与经济增长:来自中国省级官员的证据[J].世界经济,2010,(2):15-36.

[58] 徐永胜,乔宝云.财政分权度的衡量:理论及中国1985—2007年的经验分析[J].经济研究,2012,(10):4-13.

[59] 杨海生,陈少凌,周永章.地方政府竞争与环境政策——来自中国省份数据的

证据[J].南方经济,2008,(6):15-30.

[60] 姚洋,张牧扬.官员绩效与晋升锦标赛——来自城市数据的证据[J].经济研究,2013,(1):137-150.

[61] 于斌斌.产业结构调整与生产率提升的经济增长效应——基于中国城市动态空间面板模型的分析[J].中国工业经济,2015,(12):83-98.

[62] 于丽,马丽媛,尹训东,B. Fleisher.养老还是"啃老"? ——基于中国城市老年人的再就业研究[J].劳动经济研究,2016,(5):24-54.

[63] 于文超,高楠,龚强.公众诉求,官员激励与地区环境治理[J].浙江社会科学,2014,(5):23-35.

[64] 余淼杰.中国的贸易自由化与制造业企业生产率[J].经济研究,2010,(12):97-110.

[65] 余泳泽,张先轸.要素禀赋,适宜性创新模式选择与全要素生产率提升[J].管理世界,2015,(9):13-31.

[66] 臧成伟.市场化有助于提高淘汰落后产能效率吗? ——基于企业进入退出与相对生产率差异的分析[J].财经研究,2017,(2):134-144.

[67] 张彩云,郭艳青.污染产业转移能够实现经济和环境双赢吗? ——基于环境规制视角的研究[J].财经研究,2015,(10):96-108.

[68] 张华.地区间环境规制的策略互动研究——对环境规制非完全执行普遍性的解释[J].中国工业经济,2016,(7):74-90.

[69] 张军,吴桂英,张吉鹏.中国省际物质资本存量估算:1952—2000[J].经济研究,2004,(10):35-44.

[70] 张军,高远.官员任期,异地交流与经济增长——来自省级经验的证据[J].经济研究,2007,(11):91-103.

[71] 张克中,王娟,崔小勇.财政分权与环境污染:碳排放的视角[J].中国工业经济,2011,(10):65-75.

[72] 张楠,卢洪友.官员垂直交流与环境治理——来自中国 109 个城市市委书记(市长)的经验证据[J].公共管理学报,2016,(1):31-43.

[73] 张文彬,张理芃,张可云.中国环境规制强度省际竞争形态及其演变——基于两区制空间 Durbin 固定效应模型的分析[J].管理世界,2010,(12):34-44.

[74] 张宇,蒋殿春.FDI、政府监管与中国水污染——基于产业结构与技术进步分解指标的实证检验[J].经济学(季刊),2014,(1):491-514.

[75] 张中元,赵国庆.FDI、环境规制与技术进步——基于中国省级数据的实证分析[J].数量经济技术经济研究,2012,(4):19-32.

[76] 张征宇,朱平芳.地方环境支出的实证研究[J].经济研究,2010,(5):82-94.

[77] 赵细康.环境保护与产业国际竞争力[M].北京:中国社会科学出版社,2003.

[78] 郑广镛.政绩评价如何影响村民在村委会选举中的投票意愿——来自辽宁省的经验证据[J].中国农村经济,2017,(10):64-79.

[79] 周黎安.晋升博弈中政府官员的激励与合作——兼论中国地方保护主义和重复建设问题长期存在的原因[J].经济研究,2004,(6):33-40.

[80] 周黎安.中国地方官员的晋升锦标赛模式研究[J].经济研究,2007,(7):36-50.

[81] 周黎安,刘冲,厉行,等."层层加码"与官员激励[J].世界经济文汇,2015,(1):

1 - 15.

[82] 朱平芳,张征宇,姜国麟.FDI 与环境规制:基于地方分权视角的实证研究[J].
经济研究,2011,(6):133 - 145.

[83] ABRIGO M R M, LOVE I. Estimation of panel vector autoregression in
Stata [J]. Stata Journal, 2016,16(3):778 - 804.

[84] AKAI N, SAKATA M. Fiscal decentralization contributes to economic growth:
evidence from state-level cross-section data for the United States [J]. Journal of
Urban Economics, 2002,52(1):93 - 108.

[85] ALBRIZIO S, KOZLUK T, ZIPPERER V. Environmental policies and
productivity growth: evidence across industries and firms [J]. Journal of
Environmental Economics and Management, 2017,81:209 - 226.

[86] ANTWEILER W, COPELAND B R, TAYLOR M S. Is free trade good for
the environment? [J]. American Economic Review, 2001,91(4):877 - 908.

[87] BAI Y, KUNG K S. The shaping of an institutional choice: weather shocks,
the Great Leap Famine, and agricultural decollectivization in China [J].
Explorations in Economic History, 2014,54:1 - 26.

[88] BECKER R, HENDERSON V. Effects of air quality regulations on polluting
industries [J]. Journal of Political Economy, 2000,108(2):379 - 421.

[89] BESLEY T, CASE A. Incumbent behavior: vote-seeking, tax-setting, and
yardstick competition [J]. American Economic Review, 1995,85(1):25 -
45.

[90] BRANDT L, VAN BIESEBROECK J, ZHANG Y. Creative accounting or
creative destruction? Firm-level productivity growth in Chinese manufacturing
[J]. Journal of Development Economics, 2012,97(2):339 - 351.

[91] BRETT C, PINKSE J. The determinants of municipal tax rates in British
Columbia [J]. Canadian Journal of Economics, 2000,33(3):695 - 714.

[92] BRUECKNER J K. Strategic Interaction among Governments: an overview
of empirical studies [J]. International Regional Science Review, 2003,26
(2):175 - 188.

[93] BRUECKNER J K, SAAVEDRA L A. Do local governments engage in
strategic property—tax competition? [J]. National Tax Journal, 2001:203 -
229.

[94] BRUNNERMEIER S B, COHEN M A. Determinants of environmental
innovation in US manufacturing industries [J]. Journal of Environmental
Economics and Management, 2003,45(2):278 - 293.

[95] BRONER F, BUSTOS P, CARVALHO V M. Sources of comparative advantage
in polluting industries [R]. NBER Working Paper, 2012.

[96] BOYNE G A. Competition and local government: a public choice perspective
[J]. Urban Studies, 1996,33(4 - 5):703 - 721.

[97] BU M, LIU Z, WAGNER M, et al. Corporate social responsibility and the
pollution haven hypothesis: evidence from multinationals' investment
decision in China [J]. Asia-Pacific Journal of Accounting & Economics,

2013,20(1):85 - 99.

[98] CAI H, CHEN Y, GONG Q. Polluting thy neighbor: unintended consequences of China's pollution reduction mandates [J]. Journal of Environmental Economics and Management, 2016,76:86 - 104.

[99] CASE A C, ROSEN H S, HINES JR J R. Budget spillovers and fiscal policy interdependence: evidence from the states [J]. Journal of Public Economics, 1993,52(3):285 - 307.

[100] CASTIGLIONE C, INFANTE D, SMIRNOVA J. Rule of law and the environmental Kuznets curve: evidence for carbon emissions [J]. International Journal of Sustainable Economy, 2012,4(3):254 - 269.

[101] CHEN Z, KAHN M E, LIU Y, et al. The consequences of spatially differentiated water pollution regulation in China [J]. Journal of Environmental Economics and Management, 2018.

[102] CHETTY R, LOONEY A, KROFT K. Salience and taxation: theory and evidence [J]. American Economic Review, 2009,99(4):1145 - 77.

[103] COLE M A, ELLIOTT R J R, ZHANG J. Growth, foreign direct investment, and the environment: evidence from Chinese cities [J]. Journal of Regional Science, 2011,51(1):121 - 138.

[104] CONLEY T G. GMM estimation with cross sectional dependence [J]. Journal of Econometrics, 1999,92(1):1 - 45.

[105] COPELAND B R, TAYLOR M S. Trade, growth, and the environment [J]. Journal of Economic Literature, 2004,42(1):7 - 71.

[106] DEAN J M, LOVELY M E, WANG H. Are foreign investors attracted to weak environmental regulations? Evaluating the evidence from China [J]. Journal of Development Economics, 2009,90(1):1 - 13.

[107] DRUKKER D M, EGGER P, PRUCHA I R. On two-step estimation of a spatial autoregressive model with autoregressive disturbances and endogenous regressors [J]. Econometric Reviews, 2013, 32(5 - 6): 686 - 733.

[108] DUVIVIER C, XIONG H. Transboundary pollution in China: a study of polluting firms' location choices in Hebei province [J]. Environment and Development Economics, 2013,18(4):459 - 483.

[109] EDERINGTON J, LEVINSON A, MINIER J. Footloose and pollution-free [J]. Review of Economics and Statistics, 2005,87(1):92 - 99.

[110] ERTUR C, KOCH W. Growth, technological interdependence and spatial externalities: theory and evidence [J]. Journal of Applied Econometrics, 2007,22(6):1033 - 1062.

[111] ESKELAND G S, HARRISON A E. Moving to greener pastures? Multinationals and the pollution haven hypothesis [J]. Journal of Development Economics, 2003,70(1):1 - 23.

[112] FIGLIO D N, KOLPIN V W, REID W E. Do states play welfare games? [J]. Journal of Urban Economics, 1999,46(3):437 - 454.

[113] FRANCO C, MARIN G. The effect of within-sector, upstream and downstream environmental taxes on innovation and productivity [J]. Environmental and Resource Economics, 2017,66(2):261 - 291.

[114] FREDRIKSSON P G, MILLIMET D L. Strategic interaction and the determination of environmental policy across US states [J]. Journal of Urban Economics, 2002,51(1):101 - 122.

[115] FREDRIKSSON P G, LIST J A, MILLIMET D L. Bureaucratic corruption, environmental policy and inbound US FDI: theory and evidence [J]. Journal of Public Economics, 2003,87(7 - 8):1407 - 1430.

[116] GALIANI S, GERTLER P, SCHARGRODSKY E. Water for life: the impact of the privatization of water services on child mortality [J]. Journal of Political Economy, 2005,113(1):83 - 120.

[117] GAO N, LIANG P. Fresh cadres bring fresh air? Personnel turnover, institutions, and China's water pollutions [J]. Review of Development Economics, 2016,20(1):48 - 61.

[118] GHANEM D, ZHANG J. Effortless perfection: do Chinese cities manipulate air pollution data? [J]. Journal of Environmental Economics and Management, 2014,68(2):203 - 225.

[119] GIBBONS S, OVERMAN H G. Mostly pointless spatial econometrics? [J]. Journal of Regional Science, 2012,52(2):172 - 191.

[120] GLAESER E L. Cities, agglomeration, and spatial equilibrium [M]. Oxford University Press, 2008.

[121] GLAESER E L, GOTTLIEB J D. The wealth of cities: agglomeration economies and spatial equilibrium in the United States [J]. Journal of Economic Literature, 2009,47(4):983 - 1028.

[122] GLAESER E L, SCHEINKMAN J A, SHLEIFER A. Economic growth in a cross-section of cities [J]. Journal of Monetary Economics, 1995,36(1): 117 - 143.

[123] GREENSTONE M, HANNA R. Environmental regulations, air and water pollution, and infant mortality in India [J]. American Economic Review, 2014,104(10):3038 - 72.

[124] GUO S. How does straw burning effect urban air quality in China? [R]. The Graduate Institute of International and Development Studies, Working Papers, 2017.

[125] HAYASHI M, BOADWAY R. An empirical analysis of intergovernmental tax interaction: the case of business income taxes in Canada [J]. Canadian Journal of Economics, 2001,34(2):481 - 503.

[126] HAYEK F A. The use of knowledge in society [J]. American Economic Review, 1945,35(4):519 - 530.

[127] HE G, PERLOFF J M. Surface water quality and infant mortality in China [J]. Economic Development and Cultural Change, 2016,65(1):119 - 139.

[128] HE J, WANG H. Economic structure, development policy and environmental

quality: an empirical analysis of environmental Kuznets curves with Chinese municipal data [J]. Ecological Economics, 2012,76(1):49 - 59.

[129] HEBERER T, SENZ A. Streamlining local behavior through communication, incentives and control: a case study of local environmental policies in China [J]. Journal of Current Chinese Affairs, 2011,40(3):77 - 112.

[130] HECKMAN J J, ICHIMURA H, TODD P E. Matching as an econometric evaluation estimator: evidence from evaluating a job training programme [J]. Review of Economic Studies, 1997,64(4):605 - 654.

[131] HECKMAN J J, ICHIMURA H, TODD P. Matching as an econometric evaluation estimator [J]. Review of Economic Studies, 1998,65(2):261 - 294.

[132] HERING L, PONCET S. Environmental policy and exports: evidence from Chinese cities [J]. Journal of Environmental Economics and Management, 2014,68(2):296 - 318.

[133] HEYNDELS B, VUCHELEN J. Tax mimicking among Belgian municipalities [J]. National Tax Journal, 1998:89 - 101.

[134] HOLMSTROM B, MILGROM P. Multitask principal-agent analyses: incentive contracts, asset ownership, and job design [J]. Journal of Law, Economics, and Organization, 1991,7:24 - 52.

[135] JACOBSON L S, LALONDE R J, SULLIVAN D G. Earnings losses of displaced workers [J]. American Economic Review, 1993:685 - 709.

[136] JAFFE A B, NEWELL R G, STAVINS R N. Environmental policy and technological change [J]. Environmental and Resource Economics, 2002, 22(1 - 2):41 - 70.

[137] JAFFE A B, PALMER K. Environmental regulation and innovation: a panel data study [J]. Review of Economics and Statistics, 1997,79(4): 610 - 619.

[138] JALIL A, MAHMUD S F. Environment Kuznets curve for CO_2 emissions: a cointegration analysis for China [J]. Energy policy, 2009,37(12):5167 - 5172.

[139] JEFFERSON G H, TANAKA S, YIN W. Environmental regulation and industrial performance: evidence from unexpected externalities in China [R]. Tufts University Working Paper, 2013.

[140] JIA R. Pollution for promotion [R]. Working Paper, 2017.

[141] JIANG L, LIN C, LIN P. The determinants of pollution levels: firm-level evidence from Chinese manufacturing [J]. Journal of Comparative Economics, 2014,42(1):118 - 142.

[142] JOHNSTONE N, HASCIC I, POPP D. Renewable energy policies and technological innovation: evidence based on patent counts [J]. Environmental and Resource Economics, 2010,45(1):133 - 155.

[143] JONES C I. R&D-based models of economic growth [J]. Journal of Political Economy, 1995,103(4):759 - 784.

[144] KAHN M E, LI P, ZHAO D. Water pollution progress at borders: the role of changes in China's political promotion incentives [J]. American Economic Journal: Economic Policy, 2015,7(4):223 - 242.

[145] KELEJIAN H H, PRUCHA I R. Specification and estimation of spatial autoregressive models with autoregressive and heteroskedastic disturbances [J]. Journal of Econometrics, 2010,157(1):53 - 67.

[146] KELEJIAN H H, ROBINSON D P. A suggested method of estimation for spatial interdependent models with autocorrelated errors, and an application to a county expenditure model [J]. Papers in Regional Science, 1993,72(3):297 - 312.

[147] KELLER W, LEVINSON A. Pollution abatement costs and foreign direct investment inflows to US states [J]. Review of Economics and Statistics, 2002,84(4):691 - 703.

[148] KODDE D A, PALM F C. Wald criteria for jointly testing equality and inequality restrictions [J]. Econometrica, 1986:1243 - 1248.

[149] KONISKY D M. Regulatory competition and environmental enforcement: is there a race to the bottom? [J]. American Journal of Political Science, 2007,51(4):853 - 872.

[150] KUMBHAKAR S C, LOVELL C A K. Stochastic frontier analysis [M]. Cambridge: Cambridge University Press, 2003.

[151] LA FERRARA E, CHONG A, DURYEA S. Soap operas and fertility: evidence from Brazil [J]. American Economic Journal: Applied Economics, 2012,4(4):1 - 31.

[152] LADD H F. Mimicking of local tax burdens among neighboring counties [J]. Public Finance Quarterly, 1992,20(4):450 - 467.

[153] LANDRY P F. Decentralized authoritarianism in China [M]. Cambridge: Cambridge University Press, 2008.

[154] LANJOUW J O, MODY A. Innovation and the international diffusion of environmentally responsive technology [J]. Research Policy, 1996,25(4): 549 - 571.

[155] LANOIE P, LAURENT-LUCCHETTI J, JOHNSTONE N, et al. Environmental policy, innovation and performance: new insights on the Porter hypothesis [J]. Journal of Economics & Management Strategy, 2011,20(3):803 - 842.

[156] LEE J, VELOSO F M, HOUNSHELL D A. Linking induced technological change, and environmental regulation: evidence from patenting in the US auto industry [J]. Research policy, 2011,40(9):1240 - 1252.

[157] LESAGE J P, PACE R K. Introduction to spatial econometrics [M]. Oxford: Taylor and Francis, 2009.

[158] LEVINSON A, TAYLOR M S. Unmasking the pollution haven effect [J]. International Economic Review, 2008,49(1):223 - 254.

[159] LEVINSON A. Environmental regulatory competition: a status report and some new evidence [J]. National Tax Journal, 2003:91 - 106.

［160］ LEVINSOHN J, PETRIN A. Estimating production functions using inputs to control for unobservables ［J］. Review of Economic Studies, 2003, 70 (2):317 - 341.

［161］ LI H, ZHOU L A. Political turnover and economic performance: the incentive role of personnel control in China ［J］. Journal of Public Economics, 2005, 89(9 - 10):1743 - 1762.

［162］ LIPSCOMB M, MOBARAK A M. Decentralization and pollution spillovers: evidence from the re-drawing of county borders in Brazil ［J］. Review of Economic Studies, 2016, 84(1):464 - 502.

［163］ LIST J A, GERKING S. Regulatory federalism and environmental protection in the United States ［J］. Journal of Regional Science, 2000, 40(3):453 - 471.

［164］ LIST J A, MCHONE W W, MILLIMET D L. Effects of air quality regulation on the destination choice of relocating plants ［J］. Oxford Economic Papers, 2003, 55(4):657 - 678.

［165］ LIST J A, MCHONE W W, MILLIMET D L. Effects of environmental regulation on foreign and domestic plant births: is there a home field advantage?［J］. Journal of Urban Economics, 2004, 56(2):303 - 326.

［166］ LIU X, LEE L. Two-stage least squares estimation of spatial autoregressive models with endogenous regressors and many instruments ［J］. Econometric Reviews, 2013, 32(5 - 6):734 - 753.

［167］ LOMBARD P. The impacts of environmental regulations on industrial activity: evidence from the 1970 & 1977 Clean Air Act amendments and the census of manufactures ［J］. Journal of Political Economy, 2002, 110(6): 1175 - 1219.

［168］ Lü X, LANDRY P F. Show me the money: interjurisdiction political competition and fiscal extraction in China ［J］. American Political Science Review, 2014, 108(3):706 - 722.

［169］ LUO X R, WANG D, ZHANG J. Whose call to answer: institutional complexity and firms' CSR reporting ［J］. Academy of Management Journal, 2017, 60(1):321 - 344.

［170］ MANI M, WHEELER D. In search of pollution havens? Dirty industry in the world economy, 1960 to 1995 ［J］. Journal of Environment & Development, 1998, 7(3):215 - 247.

［171］ MANSKI C F. Identification of endogenous social effects: the reflection problem ［J］. Review of Economic Studies, 1993, 60(3):531 - 542.

［172］ MELO P C, GRAHAM D J, NOLAND R B. A meta-analysis of estimates of urban agglomeration economies ［J］. Regional Science and Urban Economics, 2009, 39(3):332 - 342.

［173］ MEYER B D. Natural and quasi-experiments in economics ［J］. Journal of Business & Economic Statistics, 1995, 13(2):151 - 161.

［174］ MILANI S. The impact of environmental policy stringency on industrial R&D conditional on pollution intensity and relocation costs ［J］.

Environmental and Resource Economics, 2017,68(3):595 - 620.

[175] MURDOCH J C, RAHMATIAN M, THAYER M A. A spatially autoregressive median voter model of recreation expenditures [J]. Public Finance Quarterly, 1993,21(3):334 - 350.

[176] MURDOCH J C, SANDLER T, SARGENT K. A tale of two collectives: sulphur versus nitrogen oxides emission reduction in Europe [J]. Economica, 1997,64(254):281 - 301.

[177] NEUMAYER E, PLÜMPER T. Conditional spatial policy dependence: theory and model specification [J]. Comparative Political Studies, 2012,45 (7):819 - 849.

[178] OLIVER C. Strategic responses to institutional processes [J]. Academy of Management Review, 1991,16(1):145 - 179.

[179] OLLEY G S, PAKES A. The dynamics of productivity in the telecommunications equipment industry [J]. Econometrica, 1996,64(6):1263 - 1297.

[180] OZTURK I, ACARAVCI A. The long-run and causal analysis of energy, growth, openness and financial development on carbon emissions in Turkey [J]. Energy Economics, 2013,36:262 - 267.

[181] PALMER K, OATES W E, PORTNEY P R. Tightening environmental standards: the benefit-cost or the no-cost paradigm? [J]. Journal of Economic Perspectives, 1995,9(4):119 - 132.

[182] PINKSE J, SLADE M E. The future of spatial econometrics [J]. Journal of Regional Science, 2010,50(1):103 - 117.

[183] POPP D. International innovation and diffusion of air pollution control technologies: the effects of NO_x and SO_2 regulation in the US, Japan, and Germany [J]. Journal of Environmental Economics and Management, 2006,51(1):46 - 71.

[184] POPP D. Using scientific publications to evaluate government R & D spending: the case of energy [R]. NBER Woking Paper, 2015.

[185] PORTER M E. America's green strategy [J]. Scientific American, 1991: 193 - 246.

[186] PORTER M E, VAN DER LINDE C. Toward a new conception of the environment-competitiveness relationship [J]. Journal of Economic Perspectives, 1995,9(4):97 - 118.

[187] POTOSKI M. Clean air federalism: do states race to the bottom? [J]. Public Administration Review, 2001,61(3):335 - 343.

[188] QIAO B, MARTINEZ-VAZQUEZ J, XU Y. The tradeoff between growth and equity in decentralization policy: China's experience [J]. Journal of Development Economics, 2008,86(1):112 - 128.

[189] REVELLI F. Spatial patterns in local taxation: tax mimicking or error mimicking? [J]. Applied Economics, 2001,33(9):1101 - 1107.

[190] REVELLI F. On spatial public finance empirics [J]. International Tax and Public Finance, 2005,12(4):475 - 492.

[191] ROSENTHAL S S, STRANGE W C. The determinants of agglomeration [J]. Journal of Urban Economics, 2001,50(2):191-229.

[192] SAAVEDRA L A. A model of welfare competition with evidence from AFDC [J]. Journal of Urban Economics, 2001,47(2):248-279.

[193] SANDLER T. Regional public goods and international organizations [J]. Review of International Organizations, 2006,1(1):5-25.

[194] SIGMAN H. Decentralization and environmental quality: an international analysis of water pollution [J]. NBER Working Paper, 2009,90(1):114-130.

[195] SIGMAN H. International spillovers and water quality in rivers: do countries free ride? [J]. American Economic Review, 2002,92(4):1152-1159.

[196] SIGMAN H. Transboundary spillovers and decentralization of environmental policies [J]. Journal of Environmental Economics and Management, 2005, 50(1):82-101.

[197] TAN X. Environment, governance and GDP: discovering their connections [J]. International Journal of Sustainable Development, 2006,9(4):311-335.

[198] TANAKA S. Environmental regulations on air pollution in China and their impact on infant mortality [J]. Journal of Health Economics, 2015,42:90-103.

[199] VEGA H S, ELHORST J P. The SLX model [J]. Journal of Regional Science, 2015,55(3):339-363.

[200] VOGEL D. Trading up: consumer and environmental regulation in a global economy [M]. Cambridge, MA: Harvard University Press, 2009.

[201] WANG H, MAMINGI N, LAPLANTE B, et al. Incomplete enforcement of pollution regulation: bargaining power of Chinese factories [J]. Environmental and Resource Economics, 2003,24(3):245-262.

[202] WANG J. The economic impact of special economic zones: evidence from Chinese municipalities [J]. Journal of Development Economics, 2013,101 (1):133-147.

[203] WANG R, WIJEN F, HEUGENS P P. Government's green grip: multifaceted state influence on corporate environmental actions in China [J]. Strategic Management Journal, 2018,39(2):403-428.

[204] WOODS N D. Interstate competition and environmental regulation: a test of the race-to-the-bottom thesis [J]. Social Science Quarterly, 2006,87(1): 174-189.

[205] WU H, GUO H, ZHANG B, BU M. Westward movement of new polluting firms in China: pollution reduction mandates and location choice [J]. Journal of Comparative Economics, 2017,45(1):119-138.

[206] WU J, DENG Y, HUANG J, MORCK R, YEUNG B. Incentives and outcomes: China's environmental policy [R]. NBER Working Paper, 2013.

[207] XING Y, KOLSTAD C D. Do lax environmental regulations attract foreign investment? [J]. Environmental and Resource Economics, 2002,21(1):1 - 22.

[208] XU C. The fundamental institutions of China's reforms and development [J]. Journal of Economic Literature, 2011,49(4):1076 - 1151.

[209] ZHAN X, LO C W H, TANG S Y. Contextual changes and environmental policy implementation: a longitudinal study of street-level bureaucrats in Guangzhou, China [J]. Journal of Public Administration Research and Theory, 2014,24(4):1005 - 1035.

[210] ZHENG S, KAHN M E, SUN W, LUO D. Incentives for China's urban mayors to mitigate pollution externalities: the role of the central government and public environmentalism [J]. Regional Science and Urban Economics, 2014,47(1):61 - 71.

[211] ZHOU L A. Career concerns, incentive contracts, and contract renegotiation in the Chinese political economy [D]. Califormia: Stanford University, 2002.

当代经济学创新丛书

第一辑(已出版)

《中国资源配置效率研究》(陈登科　著)

《中国与全球产业链:理论与实证》(崔晓敏　著)

《气候变化与经济发展:综合评估建模方法及其应用》(米志付　著)

《人民币汇率与中国出口企业行为研究:基于企业异质性视角的理论与实证分析》(许家云　著)

《贸易自由化、融资约束与中国外贸转型升级》(张洪胜　著)

第二辑(已出版)

《家庭资源分配决策与人力资本形成》(李长洪　著)

《资本信息化的影响研究:基于劳动力市场和企业生产组织的视角》(邵文波　著)

《机会平等与空间选择》(孙三百　著)

《规模还是效率:政企联系与我国民营企业发展》(于蔚　著)

《市场设计应用研究:基于资源配置效率与公平视角的分析》(焦振华　著)

第三辑(已出版)

《中国高铁、贸易成本和企业出口研究》(俞峰　著)

《从全球价值链到国内价值链:价值链增长效应的中国故事》(苏丹妮　著)

《市场结构、创新与经济增长:基于最低工资、专利保护和研发补贴的分析》(王熙麟　著)

《数据要素、数据隐私保护与经济增长》(张龙天　著)

《中国地方政府的环境治理:政策演进与效果分析》(金刚　著)

图书在版编目(CIP)数据

中国地方政府的环境治理:政策演进与效果分析/金刚著.—
上海:上海三联书店,2024.8
ISBN 978-7-5426-8533-9

Ⅰ.①中… Ⅱ.①金… Ⅲ.①地方政府—环境综合整治—研
究—中国 Ⅳ.①X321.2

中国国家版本馆 CIP 数据核字(2024)第 105519 号

中国地方政府的环境治理
政策演进与效果分析

著　　者 / 金　刚

责任编辑 / 李　英
装帧设计 / 徐　徐
监　　制 / 姚　军
责任校对 / 王凌霄　章爱娜

出版发行 / 上海三联书店
　　　　　(200041)中国上海市静安区威海路 755 号 30 楼
邮　　箱 / sdxsanlian@sina.com
联系电话 / 编辑部:021 - 22895517
　　　　　发行部:021 - 22895559
印　　刷 / 苏州市越洋印刷有限公司

版　　次 / 2024 年 8 月第 1 版
印　　次 / 2024 年 8 月第 1 次印刷
开　　本 / 640 mm×960 mm　1/16
字　　数 / 190 千字
印　　张 / 13
书　　号 / ISBN 978 - 7 - 5426 - 8533 - 9/F·917
定　　价 / 48.00 元

敬启读者,如发现本书有印装质量问题,请与印刷厂联系 0512 - 68180628